普通高等院校计算机类专业精品教材

计算机基础
学习指导与实训

（第 6 版）

唐铸文　主编

华中科技大学出版社

中国·武汉

内 容 提 要

本书为普通高等教育"十一五"国家级规划教材《计算机应用基础》(第六版)的配套学习用书,全书共分6章。每章均按照知识要点、案例分析、强化训练、参考答案的思路编写,主要介绍了计算机基础知识、中文 Windows 7 操作系统、文字处理软件 Word 2010、电子表格软件 Excel 2010、文稿演示软件 PowerPoint 2010、计算机网络等方面的内容。各章的知识要点完全按照教育部考试中心《全国计算机等级考试一级 MS Office 考试大纲(2013 年版)》所规定的考试内容撰写。

本书内容通俗易懂、实用性强,既可作为高等院校各专业的计算机基础课程辅导教材,也可供全国计算机等级考试、全国职称计算机考试培训班和自学者使用。

图书在版编目(CIP)数据

计算机基础学习指导与实训/唐铸文主编.—6 版.—武汉:华中科技大学出版社,2017.7
ISBN 978-7-5680-3144-8

Ⅰ.①计… Ⅱ.①唐… Ⅲ.①电子计算机-高等学校-教学参考资料 Ⅳ.①TP3

中国版本图书馆 CIP 数据核字(2017)第 170890 号

计算机基础学习指导与实训(第 6 版) 　　　　　　　　　　　　　　　唐铸文 主编
Jisuanji Jichu Xuexi Zhidao yu Shixun

策划编辑:谢燕群
责任编辑:陈元玉
封面设计:范翠璇
责任校对:李　琴
责任监印:周治超
出版发行:华中科技大学出版社(中国·武汉)　　　电话:(027)81321913
　　　　　武汉市东湖新技术开发区华工科技园　　　邮编:430223
录　　排:武汉市洪山区佳年华文印部
印　　刷:湖北新华印务有限公司
开　　本:787mm×1092mm　1/16
印　　张:11
字　　数:271 千字
版　　次:2018 年 8 月第 6 版第 2 次印刷
定　　价:24.80 元

前　言

在现代信息社会中，计算机已经广泛应用于各个领域，无论是科学计算、数据处理、自动控制，还是办理公文和收集信息，或是进行各种写作、创造等活动都离不开计算机。操作计算机的技能是现代大学生必须具备的基本技能。为了帮助广大在校学生学好"计算机应用基础"这门课程，并达到熟练地操作计算机的程度，我们编写了本书。在编写中，我们按照教育部高等学校计算机科学与技术教学指导委员会《关于进一步加强高等学校计算机基础教学的意见暨计算机基础课程教学基本要求（试行）》和教育部考试中心《全国计算机等级考试一级 MS Office 考试大纲（2013 年版）》规定的考试内容确定编写大纲，并参照高等院校的教学要求对各教学内容进行了精选，以期达到预定的辅导效果。

本书共分 6 章，分别介绍了计算机基础知识、中文 Windows 7 操作系统、文字处理软件 Word 2010、电子表格软件 Excel 2010、文稿演示软件 PowerPoint 2010、计算机网络等方面的内容。每章又分为知识要点、案例分析和强化训练三个部分，让学生在掌握知识要点的基础上，通过分析一些有代表性的例题以加深对知识要点的理解，然后有针对性地进行一些练习以巩固所学知识。强化训练部分包含选择题、填空题和操作题，以达到全面训练与考核的目的。

由于编者水平有限，书中的错误之处在所难免，恳请读者批评指正。

编　者

2017 年 4 月

目　录

第1章　计算机基础知识

1.1　知　识　要　点

1.1.1　计算机的发展、类型及其应用领域

1. 计算机的发展

1946年美国宾夕法尼亚大学研制出世界上第一台电子多用途数字计算机——ENIAC（电子数字积分计算机）。

第一代计算机(1946—1958年)的主要特征是采用电子管作为主要元器件。机器体积大、运算速度慢、存储容量小、可靠性差。采用机器语言或汇编语言编程，主要用于科学计算。

第二代计算机(1958—1964年)的主要特征是其主要元件为晶体管。机器体积控制得较好，稳定性较好，运算速度较快，功耗较低。使用高级程序设计语言编程，除应用于科学计算外，还应用于数据处理和工业控制等方面。

第三代计算机(1964—1974年)的主要特征是其核心元件为中小规模集成电路。机器体积和耗电量显著减小，而运算速度和存储容量有较大提高，可靠性也大大加强，并有了操作系统。计算机的应用进入许多科学技术领域。

第四代计算机(1974—1982年)的主要特征是以大规模和超大规模集成电路为计算机的主要功能部件。此时计算机沿着两个方向飞速发展：一是大型、巨型计算机，运算速度达每秒百亿次、十万亿次，存储容量已达4 TB；二是微型计算机。

第五代计算机(1982年至今)是把信息采集、存储、处理、通信同人工智能结合在一起的智能计算机系统。它能进行数值计算或处理一般的信息，主要面向知识处理，具有形式化推理、联想、学习和解释的能力，能够帮助人们进行判断、决策、开拓未知领域和获得新的知识。

2. 计算机的类型

计算机的分类标准比较多：按其用途可分为通用计算机和专用计算机；按处理数据的方法可分为模拟式计算机和数字式计算机；按1989年由IEEE科学巨型机委员会提出的运算速度分类法，可以分为巨型计算机、大型计算机、中型计算机、小型计算机和微型计算机。

巨型计算机也称超级计算机。其主要特点为高速度和大容量，配有多种外部和外围设备及丰富的、高功能的软件系统，价格也比较昂贵，一般用于尖端的科技领域中，如天气预报、地质勘探等。

大型计算机的主要特点是存储容量很大，运算速度很快，一般用于数据处理量很大的领域。

中型计算机的功能介于大型计算机和小型计算机之间，具有极强的综合处理能力和极

大的性能覆盖面。

小型计算机相对于大型计算机而言,其软件、硬件系统规模比较小,价格低,可靠性高,便于维护和使用,用途非常广泛。

微型计算机简称"微型机""微机",由于其具备人脑的某些功能,所以也称其为"微电脑"。它由微处理机(核心)、存储片、输入和输出片、系统总线等组成。其特点是功能全、体积小、灵活性大、价格便宜、使用方便,目前应用最为广泛。

3. 计算机的应用

1)科学计算

用于完成科学研究和工程技术中提出的数值计算问题,很多科研和工程设计等方面的精度要求高、难度大、时间紧的计算任务都由计算机完成。

2)数据处理

在整个计算机应用中,计算机在数据处理和以数据处理为主的信息系统方面的应用所占比例高达70%~80%。

3)CAD/CAM/CIMS

计算机辅助设计(CAD)是指工程设计人员借助计算机的存储技术、制图功能等,利用体系模拟、逻辑模拟、插件划分、自动布线等技术,使设计方案优化。

计算机辅助制造(CAM)就是用计算机进行生产设备的管理、控制和操作的过程。使用 CAM 技术可以提高产品的质量,降低成本,缩短生产周期。

计算机集成制造系统(CIMS)是指以计算机为中心的现代信息技术应用于企业管理与产品开发制造的新一代制造系统。

4)人工智能

人工智能(AI)是研究、开发用于模拟、延伸和扩展人的智能的理论、方法、技术及应用系统的一门新的技术科学。它包括用计算机模仿人类的感知能力、思维能力和行为能力等。

5)电子商务

电子商务(EC)通常是指在全球各地广泛的商业贸易活动中,在因特网开放的网络环境下,基于浏览器/服务器应用方式,买卖双方进行各种商贸活动,实现消费者的网上购物、商户之间的网上交易、在线电子支付以及各种商务活动、交易活动、金融活动和相关的综合服务活动的一种新型的商业运营模式。

1.1.2　计算机系统的组成及主要技术指标

1. 计算机硬件系统

冯·诺依曼原理指出:将程序与数据一起存储,按程序编排的顺序,一步一步地取出指令,自动地完成指令规定的操作。

按照冯·诺依曼原理构造的计算机又称冯·诺依曼计算机,其体系结构称为冯·诺依曼结构。冯·诺依曼计算机通常由 5 部分组成:输入设备、输出设备、存储器、运算器和控制器,如图 1.1 所示。

1)输入设备

输入设备是向计算机输入信息的装置,用于把原始数据和处理这些数据的程序输入计

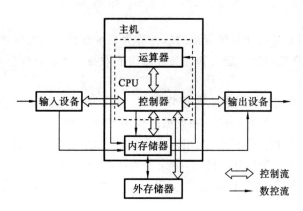

图 1.1 冯·诺依曼计算机的结构

算机系统中。常用的输入设备有键盘、鼠标、扫描仪等。

2）输出设备

输出设备的主要任务是将计算机处理过的信息以用户熟悉、方便的形式输送出来。常用的输出设备有显示器、打印机、绘图仪、音箱等。

3）存储器

存储器是计算机的记忆装置，用于存放原始数据、中间数据、最终结果、处理程序。存储器内的信息是按地址存取的。往存储器中存入信息也称为"写入"，从存储器里取出信息也称为"读出"。信息可以重复取出，多次利用。

4）运算器

运算器在控制器的控制下与内存交换信息，负责进行各类基本的算术运算和与、或、非、比较、移位等各种逻辑判断。

5）控制器

控制器负责对指令进行分析、判断，发出控制信号，使计算机的有关设备协调工作，确保系统自动运行。

控制器和运算器一起组成了计算机的核心，称为中央处理器(central processing unit, CPU)。通常把控制器、运算器和主存储器一起称为主机，而其余的输入/输出设备和辅助存储器称为外部设备。

2. 计算机软件系统

按软件的功能来划分，软件可分为系统软件和应用软件两大类。软件的具体分类情况如图 1.2 所示。

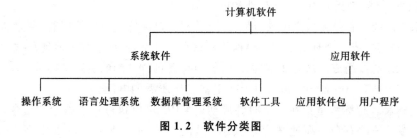

图 1.2 软件分类图

1) 系统软件

一般把方便使用和管理计算机资源的软件称为系统软件。系统软件的功能主要是简化计算机操作,扩展计算机的处理能力和提高计算机的效益。系统软件有两个主要特点:一是通用性,二是基础性。

(1) 操作系统。系统软件的核心是操作系统。操作系统(operating system,OS)是由指挥与管理计算机系统运行的程序模块和数据结构组成的一种大型软件系统,其功能是管理计算机的全部硬件资源和软件资源,为用户提供高效、周到的服务界面。

(2) 语言处理系统。使用计算机时,事先要为待处理的问题编排好确定的工作步骤,把预定的方案用特定的语言表示出来,即编写程序。这种计算机系统所能接受的语言称为程序设计语言。

(3) 数据库管理系统。数据库管理系统就是在具体计算机上实现数据库技术的系统软件,用户用它来建立、管理、维护、使用数据库等。数据库按照其数据的不同组织方式可分为网状数据库、层次数据库和关系数据库等3类。

(4) 软件工具。软件工具是软件开发、实施和维护过程中使用的程序,如输入阶段的编辑程序、运行阶段的连接程序、测试阶段的排错程序、测试数据产生程序等。

2) 应用软件

应用软件是用户利用计算机软、硬件资源为解决各类应用问题而编写的软件。应用软件一般包括用户程序及其说明性文件资料。应用软件的存在与否并不影响整个计算机系统的运转,但它必须在系统软件的支持下才能工作。

3) 程序设计语言

用计算机系统所能接受的语言编写程序的过程称为程序设计。程序设计语言是人与计算机之间交换信息、交换算法的工具。它是以计算机可执行的方式来描述算法的。可以把任何一种描述算法和数据结构的记法都称为程序设计。程序设计语言按其发展程度和应用级别可以分为机器语言、汇编语言、高级语言、面向对象编程语言。

3. 微型计算机系统的基本结构

微型计算机主要包括5种外部设备:主机箱、显示器、键盘、鼠标和打印机。主机箱是最重要的部分,其中包括中央处理器、内存储器、磁盘驱动器等部件。

1) 中央处理器

中央处理器的内部结构包括控制器、运算器和存储器3大部分。CPU的主要性能指标有以下几项。

(1) 主频、倍频、外频。主频就是CPU的时钟频率(CPU clock speed);外频就是系统总线的工作频率;倍频是指CPU主频与外频的比值。

(2) 系统总线。它是微型机中的纽带,通过总线接口部件使中央处理器、存储器和键盘等输入/输出设备连接成一个有机整体。根据传送信息的种类,系统总线由地址总线、数据总线、控制总线和状态总线组成。从总线结构关系的角度,各部件之间的逻辑结构可用图1.3表示。

(3) 工作电压(supply voltage)。CPU正常工作所需的电压。

(4) 超标量。超标量是指在一个时钟周期内CPU可以执行一条以上的指令。

(5) 一级高速缓存(L1高速缓存)。CPU里面内置的高速缓存可以提高CPU的运行效率。

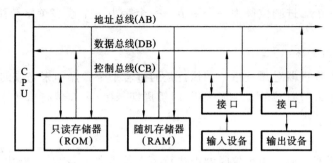

图1.3 微型机结构关系图

（6）回写（write back）结构的高速缓存。采用它，对读操作和写操作均有效，速度较快。而采用写通（write through）结构的高速缓存，仅对读操作有效。

（7）动态处理。动态处理是最先应用于高能奔腾处理器中的新技术，它创造性地把3项专为提高处理器对数据的操作效率而设计的技术融合在一起。这3项技术是多路分流预测、数据流量分析和猜测执行。

2）主板

主板是计算机系统中最大的一块电路板，它的英文是Mainboard，简称M/B。它为CPU、内存、显卡等其他配件提供插槽，并将它们组合成一个整体。

3）显卡

显卡也称为显示适配器。显卡的作用是在CPU的控制下，将主机送来的显示数据转换为视频和同步信号并送给显示器，最后再由显示器输出各种各样的图像。

根据显卡结构的不同，显卡大致可以分为板卡式显卡与板载显卡两大类。前者又可分为PCI显卡和AGP显卡。

显卡一般由PCB基板、显示芯片、显存、显卡BIOS芯片、散热器等部分构成。

4）内存

内存实质上是一组或多组具备数据输入/输出和数据存储功能的集成电路。计算机内的存储器按其用途可分为主存储器（main memory，简称主存）和辅助存储器（auxiliary memory，简称辅存）。主存储器又称内存储器（简称内存），辅助存储器又称外存储器（简称外存）。

5）硬盘

硬盘又称"温盘"，主要由密封盘体、磁盘机构、磁头盘组件、控制电路板、接口等5大部分组成。

6）显示器

显示器是计算机的重要输出设备。其主要参数有屏幕尺寸、分辨率、行频和场频、点距和栅距、带宽。

7）鼠标和键盘

鼠标和键盘是计算机的重要输入设备。

4. 计算机系统的主要技术指标

1）字长

在计算机中，一般用若干二进制位表示一个数和一条指令。前者称为数据字，后者称为指令字。通常把8个二进制位称为一个字节。一个字由一个或多个字节组成,一个字的字节数称为字长。

2) 时钟周期和主频

计算机的中央处理器对每条指令的执行是通过若干个微操作来完成的。这些微操作是按时钟周期的节拍来"动作"的。一般来说,时钟周期越短(主频越高),计算机的运算速度就越快。

3) 运算速度

计算机的运算速度通常用单位时间内执行多少条指令来表示,一般用 MIPS(每秒百万条指令)来反映计算机的运算速度。

4) 内存容量

存储器的容量反映计算机记忆信息的能力。它常以字节为单位表示。一个字节为8个二进制位,即 1 Byte=8 bit。

5) 数据输入/输出最高速率

通常用主机所能支持的最大数据输入/输出速率来表示计算机的速度。

1.1.3　计算机中数据的表示、存储与处理

1. 计算机中数据的表示

1) 正数与负数

在计算机中,一般用"0"作为正数的符号,"1"作为负数的符号,并放在数的最高位。

2) 原码、补码、反码

在计算机中,一个数可以采用原码、补码或反码表示。

正数的原码、补码、反码相同。

对于负数:将[X]$_原$的符号位保持不变,数值部分按位取反(即 $0\rightarrow1,1\rightarrow0$),即可得[X]$_反$;而[X]$_反$的最低位加1,即可得[X]$_补$。

3) 定点数表示法

在机器中,小数点位置固定的数称为定点数,一般采用定点小数表示法,即小数点固定在符号位与最高位之间。

4) 浮点数表示法

浮点数可以用来扩大数的表示范围。浮点数由两部分组成:一部分用来表示数据的有效位,称为尾数;另一部分用来表示该数的小数点位置,称为阶码。

2. 计算机中数据的存储

计算机中数据有数值型和非数值型2类,这些数据在计算机中都必须以二进制形式表示(也就是我们常说的 0 和 1)。一串二进制数既可表示数量值,也可表示一个字符、汉字或其他。一串二进制数代表的数据不同,含义也不同。

计算机中数据的常用单位为位、字节和字。

1) 位(bit)

位是计算机中存储数据的最小单位,指二进制数中的一个位数,其值为 0 或 1,也称比特。计算机最直接、最基本的操作就是对二进制的操作。

2) 字节（Byte）

字节简写为 B，是计算机用来表示存储空间大小的最基本的单位。一个字节包含 8 个二进制位，即 1 B＝8 bit。

字节的单位还有 KB（千字节）、MB（兆字节）或 GB（吉字节）。常用这些单位来表示存储器（内存、硬盘、软盘、移动存储器等）的存储容量或文件的大小。

常用的存储单位 B、KB、MB 与 GB 的换算关系如下：

1 KB＝2^{10} B＝1024 B

1 MB＝2^{20} B＝1024 KB

1 GB＝2^{30} B＝1024 MB

除此之外，还有 TB（太字节）、PB（拍字节）、EB（艾字节）、ZB（泽字节或 Z 字节）、YB（尧字节或 Y 字节）等单位。

需要注意区分的是：位是最小的数据单位，字节是计算机中基本的信息单位。

3) 字

字是计算机内部作为一个整体参与运算、处理和传送的一串二进制数，其英文名为"Word"。字是计算机内部 CPU 进行数据处理的基本单位。

3. 计算机中数据的处理

计算机中数据的处理由 CPU 来完成，CPU 从内存中读取数据，把准备处理的数据从硬盘调到内存，由相关程序处理。CPU 处理数据的时候并不一定把一个程序执行完再处理另一个，处理数据时一般通过时间片轮流执行。处理数据的核心就是 CPU 调用用户的程序来执行数据的处理。

1.1.4 多媒体技术的概念与应用

1. 多媒体技术的概念

多媒体技术通常是指把文字、音频、视频、图形、图像、动画等多种媒体信息通过计算机进行数字化采集、获取、压缩/解压缩、编辑、存储等加工处理，再以单独或合成形式表现出来的一体化技术。

多媒体技术具有下列关键特性。

（1）多样性。数字化信息载体的多样化，有效地解决了数据在传输过程中的失真问题。

（2）集成性。采用了数字信号，可以综合处理文字、声音、图形、动画、图像、视频等多种信息，并将这些不同类型的信息有机地结合在一起。

（3）交互性。信息以超媒体结构进行组织，可以方便实现人机交互。

（4）智能性。提供了易于操作、十分友好的界面，使计算机更直观、更方便、更亲切、更人性化。

（5）易扩展性。可方便地与各种外部设备挂接，实现数据交换、监视控制等多种功能。

2. 多媒体技术的应用

多媒体技术的应用范围包括信息管理、宣传广告、教育与训练、演示系统、咨询服务、电子出版物、通信等。

1) 信息管理

多媒体信息管理的内容是多媒体与数据库相结合,用计算机管理数据、文字、图形、静态图像和声音资料。

2) 宣传广告

多媒体系统声像图文并茂,在宣传广告效果上有特殊的优势。制作广告节目要用专门的多媒体节目制作软件工具。

3) 教育与训练

多媒体技术在教育上的应用,实质上是多媒体系统阅读电子书刊、演示教育类的多媒体节目。

4) 演示系统

演示系统是指用计算机向观众介绍各种知识,并把立体声、图形、图像、动画等结合起来。

5) 咨询系统

利用多媒体系统提供高质量的无人咨询服务,如旅游、邮电、交通、商业、金融、证券、宾馆咨询等。

6) 电子出版物

利用 CD-ROM 的大容量存储介质,代替各种传统出版物,特别是各种手册、百科全书、年鉴、音像、辞典等电子出版物。

7) 通信

多媒体技术可应用在通信工程中,如可视电话、视频会议等。

1.1.5　计算机病毒的概念、特性、分类与防治

1. 计算机病毒的概念

计算机病毒就是指能够通过某种途径潜伏在计算机存储介质(或程序)里,当达到某种条件时即被激活的具有对计算机资源进行破坏作用的一组程序或指令集合。

2. 计算机病毒的特性

计算机病毒具有如下特性。

(1) 程序性(可执行性)。

(2) 传染性。

(3) 潜伏性。

(4) 可触发性。

(5) 破坏性。

(6) 攻击的主动性。

(7) 针对性。

(8) 非授权性。

(9) 隐蔽性。

(10) 衍生性。

(11) 寄生性(依附性)。

（12）不可预见性。

（13）欺骗性。

（14）持久性。

3. 计算机病毒的分类

（1）按照计算机病毒攻击的系统可分为以下几种。

① 攻击 DOS 系统的病毒。

② 攻击 Windows 系统的病毒。

③ 攻击 UNIX 系统的病毒。

④ 攻击 OS/2 系统的病毒。

（2）按照病毒的攻击机型可分为以下几种。

① 攻击微型计算机的病毒。

② 攻击小型机的计算机病毒。

③ 攻击工作站的计算机病毒。

（3）按照计算机病毒的链接方式可分为以下几种。

① 源码型病毒。

② 嵌入型病毒。

③ 外壳型病毒。

④ 操作系统型病毒。

（4）按照计算机病毒的破坏情况可分为以下几种。

① 良性计算机病毒。

② 恶性计算机病毒。

（5）按照计算机病毒的寄生部位或传染对象可分为以下几种。

① 引导区传染的计算机病毒。

② 操作系统传染的计算机病毒。

③ 可执行程序传染的计算机病毒。

对于以上 3 种病毒的分类，实际上可以归纳为引导区型病毒和文件型病毒 2 大类。

（6）按照计算机病毒激活的时间可分为以下几种。

按照计算机病毒激活的时间可分为定时的和随机的。定时病毒仅在某一特定时间才发作，而随机病毒一般不是由时钟来激活的。

（7）按照传播媒介可分为以下几种。

① 单机病毒。

② 网络病毒。

4. 计算机病毒的防治

一般来说，计算机病毒的防治包括管理方法防治和技术防治 2 种。具体防治措施如下。

（1）不随便使用外来软件，对外来移动存储器必须先检查后使用。

（2）严禁在存储重要数据的计算机上玩游戏，因为游戏软件是病毒的主要载体。

（3）不用非原始盘引导机器。

（4）不要在系统引导盘上存放用户数据和程序。

（5）对重要文件经常进行备份。

（6）给系统盘和文件加写保护。

（7）定期对硬盘进行检查,及时发现并消除病毒。

（8）Internet用户要提高网络系统的安全性。

1.2　案 例 分 析

例1.1　微型计算机系统主要包括:内存储器、输入设备、输出设备和_____。

A）运算器　　　　　B）控制器　　　　　C）微处理器　　　　　D）主机

答:C。

知识点:计算机硬件系统、冯·诺伊曼原理。

分析:微型计算机硬件系统由微处理器、存储器、输入设备与输出设备组成。微处理器与内存储器合在一起称为主机;运算器和控制器合在一起称为微处理器或中央处理器。

例1.2　计算机的存储器是一种_____。

A）运算部件　　　　B）输入部件　　　　C）输出部件　　　　D）记忆部件

答:D。

知识点:存储器。

分析:计算机运算部件负责算术运算和逻辑运算;输入部件用来向计算机输入程序和数据,如键盘为输入部件;输出部件可用来输出程序和数据,如显示器和打印机为输出部件;存储器用来存储程序和数据,属于记忆部件。

例1.3　在微型计算机的性能指标中,用户可用的内存储器容量通常是指_____。

A）ROM 的容量　　　　　　　　B）RAM 的容量

C）ROM 和 RAM 的容量之和　　　D）CD-ROM 的容量

答:B。

知识点:计算机性能指标、存储器、ROM、RAM。

分析:ROM 是只读存储器的英文简称,RAM 是随机存储器的英文简称。它们都是内部存储器,分别安装在主机板上的不同位置。ROM 对用户来说只能读不能写,只能由计算机生产厂家用特殊方式写入一些重要软件和数据,如计算机开机自检和启动程序以及服务程序等,它们一旦存入就固定在里面,断电后也不会丢失。RAM 可以由用户随时对其进行读、写操作,它能存储 CPU 工作所需的程序和数据。程序和数据是无限的,但 RAM 的容量是有限的,因此用户只能从外存储器调入 CPU 当时所需的那部分程序和数据,用完一批,再换一批。CPU 根据程序来处理数据,处理完成的结果暂存入 RAM 中。人们常说的可用内存容量就是指 RAM 的容量。

CD-ROM 是只读型光盘的英文简称,其特点也是只能写一次,写好后的数据将永远保存在光盘上。这种光盘非常适合存储百科全书、技术手册、文献资料等数据量庞大的内容。

例1.4　计算机根据运算速度、存储能力、功能强弱、配套设备等因素可划分为_____。

A）台式计算机、便携式计算机、膝上型计算机

B）电子管计算机、晶体管计算机、集成电路计算机

C）巨型机、大型机、中型机、小型机和微型机

D) 8 位机、16 位机、32 位机、64 位机

答:C。

知识点:计算机分类。

分析:根据计算机所采用的电子元器件的不同,可将计算机划分为:电子管计算机、晶体管计算机和集成电路计算机。

随着超大规模集成电路技术的发展,微型计算机进入快速发展时期,计算机技术和应用进一步普及。微型计算机按字长划分,可分为 8 位机、16 位机、32 位机、64 位机;而微型计算机按体积大小划分,又可分为台式计算机、便携式计算机、膝上型计算机。计算机根据运算速度、存储能力、功能强弱、配套设备等因素可划分为巨型机、大型机、中型机、小型机和微型机。

例 1.5 在下列字符中,其 ASCII 码值最大的一个是_____。

A) Z   B) 9   C) 空格字符   D) a

答:D。

知识点:计算机编码、ASCII 码。

分析:根据 ASCII 码表的安排顺序是:空格字符,数字符,大写英文字符,小写英文字符。所以,在这 4 个选项中,小写字母 a 的 ASCII 码值是最大的。

例 1.6 计算机存储器的容量一般是以 KB 为单位的,如 640 KB 等,这里的 1 KB 等于① ,640 KB 的内存容量为② 。对于容量大的计算机,也常以 MB 为单位表示其存储器的容量,1 MB 表示③ 。在计算机中,数据存储的最小单位是 ④ 。一台计算机的字长为 4 B,这意味着它⑤ ,在计算机中通常是以⑥ 为单位传输数据的。

① A) 1024 个二进制符号   B) 1000 个二进制符号

   C) 1024B   D) 1000B

② A) 640000B   B) 64000B

   C) 655360B   D) 32000B

③ A) 1048576B   B) 1000KB

   C) 1024000B   D) 1000000B

④ A) 位   B) 字节   C) 字   D) 字长

⑤ A) 能处理的数值最大为 4 位十进制数 9999

   B) 能处理的字符串最多由 4 个英文字母组成

   C) 在 CPU 中作为一个整体加以传输处理的二进制代码为 32 位

   D) 在 CPU 中运算的结果最大为 2 的 32 次方

⑥ A) 字   B) 字节   C) 位   D) 字块

答:① C   ② C   ③ A   ④ A   ⑤ C   ⑥ A

知识点:数据存储的单位及换算、位、字节、字。

分析:位是计算机中存储数据的最小单位,指二进制数中的一个位数,其值为 0 或 1。字节是计算机用来表示存储空间大小的最基本的单位。字是计算机内部作为一个整体参与运算、处理和传送的一串二进制数。1 KB$=2^{10}$ B,1 MB$=2^{20}$ B $=1024$ KB。

例 1.7 微型计算机病毒是指_____。

A) 生物病毒感染   B) 细菌感染

C) 被损坏的程序　　　　　　　　　D) 特制的具有破坏性的小程序

答:D

知识点:计算机病毒的概念。

分析:所谓计算机病毒,是指一种在计算机系统运行过程中能把自身精确地拷贝或有修改地拷贝到其他程序体内的程序。它是人为非法制造的具有破坏性的程序。这与生物病毒或细菌感染毫无关系,只不过是借用其称呼而已。

例 1.8　使用防杀病毒软件的作用是_____。

A) 检查计算机是否感染病毒,清除已感染的任何病毒

B) 杜绝病毒对计算机的侵害

C) 检查计算机是否感染病毒,清除部分已感染的病毒

D) 检查已感染的任何病毒,清除部分已感染的病毒

答:C。

知识点:计算机病毒的防控。

分析:使用防杀病毒软件的作用是检查计算机是否感染病毒,而不一定能查出所有病毒。因为新病毒层出不穷,无法全部检查出来。至于清除病毒,也只能清除部分已查出的病毒,而无法清除全部计算机病毒。

例 1.9　计算机病毒的特点是具有隐蔽性、潜伏性、传播性、激发性和_____。

A) 恶作剧性　　　　B) 入侵性　　　　C) 破坏性　　　　D) 可扩散性

答:C。

知识点:计算机病毒的特征。

分析:一般来说,计算机病毒特征可归纳为以下几个方面。

(1) 隐蔽性。病毒是人为制造的短小程序,该程序一般不易被察觉和发现。病毒既然是某些人的恶作剧,因此其编造者也想方设法使它不易被发现。编制病毒程序是一种违法行为。

(2) 潜伏性。病毒具有依附其他媒体而寄生的能力。病毒侵入后,一般不立即活动,需要等待一段时间,可以是几周、几个月甚至于几年,等条件成熟后才发作。

(3) 破坏性。凡是由软件手段能触及计算机资源的地方均可受到计算机病毒的破坏。其表现为:占有 CPU 运行时间和内存开销,从而造成进程堵塞;对数据或文件进行破坏;扰乱屏幕的显示等。计算机病毒可以中断一个大型计算机中心的正常工作或使一个计算机网络处于瘫痪状态,从而造成灾难性的后果。

(4) 传染性。对绝大多数计算机病毒来讲,传染性是一个重要特征。源病毒可以是一个独立的程序体,具有很强的再生机制,它通过修改别的程序把自己拷贝进去,从而达到扩散的目的。

(5) 激发性。在一定的条件下,通过外界刺激可使病毒程序活跃起来。激发的本质是一种条件控制。根据病毒制造者的设定,例如,在某个时间或日期、特定的用户标识符的出现、特定文件的出现或使用,用户的安全保密等级或者一个文件使用的次数等,均可使病毒体激活并发起攻击。

例 1.10　下列几个不同数制的整数中,最大的一个是_____。

A) $(1001001)_2$　　　B) $(77)_8$　　　C) $(70)_{10}$　　　D) $(5A)_{16}$

答:D。

知识点:数制、不同进制之间的换算。

分析:进行不同进制数的大小比较时,首先应将它们转换为相同进制的数,然后再进行大小比较。

因为:$(1001001)_2 = (73)_{10}$,$(77)_8 = (63)_{10}$,$(5A)_{16} = (90)_{10}$。

1.3 强 化 训 练

一、选择题

1. 第一台电子计算机使用的逻辑部件是_____。
   A) 集成电路　　　　　　　　　B) 大规模集成电路
   C) 晶体管　　　　　　　　　　D) 电子管

2. 运算器的主要功能是_____。
   A) 实现算术运算和逻辑运算
   B) 保存各种指令信息供系统其他部件使用
   C) 分析指令并进行译码
   D) 按主频的频率定时发出时钟脉冲

3. 第四代计算机的主要元器件采用的是_____。
   A) 晶体管　　　　　　　　　　B) 小规模集成电路
   C) 电子管　　　　　　　　　　D) 大规模和超大规模集成电路

4. 计算机硬件的5类基本构件包括:运算器、存储器、输入设备、输出设备和_____。
   A) 显示器　　　B) 控制器　　　C) 磁盘驱动器　　　D) 鼠标器

5. 系统总线包括_____与控制线3种。
   A) 数据线、地址线　　　　　　B) 数据线、逻辑线
   C) 接口线、逻辑线　　　　　　D) 接口线、地址线

6. 系统总线中,数据线传送信息,地址线指出信息的来源和目的地,控制线规定总线的动作,一切都是_____负责指挥。
   A) 总线控制设备　　　　　　　B) 总线控制逻辑
   C) 系统本身　　　　　　　　　D) CPU

7. 运算器的功能是_____。
   A) 执行算术运算指令　　　　　B) 执行逻辑运算指令
   C) 执行算术、逻辑运算指令　　D) 执行数据分析指令

8. 计算机的软件系统可分为_____。
   A) 程序和数据　　　　　　　　B) 操作系统和语言处理系统
   C) 程序、数据和文档　　　　　D) 系统软件和应用软件

9. 若你正在编辑某个文件时突然停电,则_____中的信息将全部丢失。
   A) RAM 和 ROM　　　　　　　B) RAM
   C) ROM　　　　　　　　　　　D) 硬盘或软盘

10. 在计算机中,信息储存的最小单位是_____。

　　A) 字节　　　　　B) 字长　　　　　C) 字段　　　　　D) 位

11. 在计算机中通常以_____为单位传送信息。

　　A) 位　　　　　　B) 字　　　　　　C) 字节　　　　　D) 双字

12. 存储容量 1 GB 等于_____。

　　A) 1024 B　　　　B) 1024 KB　　　C) 1024 TB　　　D) 1024 MB

13. 下面属于输入设备的是_____。

　　A) 绘图仪　　　　B) 打印机　　　　C) 显示器　　　　D) 键盘

14. 下列 4 种设备中,属于计算机输出设备的是_____。

　　A) 扫描仪　　　　B) 键盘　　　　　C) 绘图仪　　　　D) 鼠标

15. 下列关于存储器的叙述中正确的是_____。

　　A) CPU 能直接访问存储在内存中的数据,也能直接访问存储在外存中的数据

　　B) CPU 不能直接访问存储在内存中的数据,能直接访问存储在外存中的数据

　　C) CPU 只能直接访问存储在内存中的数据,不能直接访问存储在外存中的数据

　　D) CPU 既不能直接访问存储在内存中的数据,也不能直接访问存储在外存中的
　　　　数据

16. 在微型计算机中,应用最普遍的字符编码是_____。

　　A) ASCII 码　　　B) BCD 码　　　　C) 汉字编码　　　D) 补码

17. 下列字符中,其 ASCII 码值最大的是_____。

　　A) 9　　　　　　 B) D　　　　　　 C) a　　　　　　 D) y

18. 五笔字型码输入法属于_____。

　　A) 音码输入法　　B) 形码输入法　　C) 音形结合输入法　D) 联想输入法

19. 与十进制数 100 等值的二进制数是_____。

　　A) 0010011　　　B) 1100010　　　C) 1100100　　　D) 1100110

20. 执行二进制算术加运算 11001001+00100111,其运算结果是_____。

　　A) 11101111　　 B) 11110000　　 C) 00000001　　 D) 10100010

21. 16 个二进制位可表示整数的范围是_____。

　　A) 0~65535　　　　　　　　　　　B) -32768~32767

　　C) -32768~32768　　　　　　　　D) -32768~32767 或 0~65535

22. 与十进制数 291 等值的十六进制数为_____。

　　A) 123　　　　　　B) 213　　　　　C) 231　　　　　D) 132

23. 计算机病毒可以使整个计算机瘫痪,危害极大。计算机病毒是_____。

　　A) 一条命令　　　　　　　　　　　B) 一段特殊的程序

　　C) 一种生物病毒　　　　　　　　　D) 一种芯片

24. 计算机发现病毒后最彻底的消除方式是_____。

　　A) 用查毒软件处理　　　　　　　　B) 删除磁盘文件

　　C) 用杀毒药水处理　　　　　　　　D) 格式化磁盘

25. 下列选项中,不属于计算机病毒特点的是_____。

　　A) 破坏性　　　　B) 潜伏性　　　　C) 传染性　　　　D) 免疫性

26. 到目前为止,计算机经历了_____个阶段。

    A) 3   B) 4   C) 5   D) 6

27. 完整的计算机硬件系统一般包括外部设备和_____。

    A) 运算器和控制器   B) 存储器

    C) 主机   D) 中央处理器

28. 微型计算机的内存主要包括_____。

    A) RAM、ROM   B) SRAM、DROM   C) PROM、EPROM   D) CD-ROM、DVD

29. 微型计算机的外存主要包括_____。

    A) RAM、ROM、软盘、硬盘   B) 软盘、硬盘、光盘

    C) 软盘、硬盘   D) 硬盘、CD-ROM、DVD

30. 下列各组设备中,全部属于输入设备的一组是_____。

    A) 键盘、磁盘和打印机   B) 键盘、扫描仪和鼠标

    C) 键盘、鼠标和显示器   D) 硬盘、打印机和键盘

31. 微型计算机硬件系统中最核心的部件是_____。

    A) 硬盘   B) CPU   C) 内存储器   D) I/O 设备

32. 通常以 MIPS 为单位衡量微型计算机的性能,它指的是计算机的_____。

    A) 传输速率   B) 存储器容量   C) 字长   D) 运算速度

33. _____是标准的输入设备。

    A) 绘图仪   B) 显示器   C) 键盘   D) 扫描仪

34. 下列设备中,既能向主机输入数据又能接收主机输出数据的设备是_____。

    A) 打印机   B) 显示器   C) 软盘驱动盘   D) 光笔

35. 下列 4 种软件中,属于系统软件的是_____。

    A) WPS   B) Word   C) DOS   D) Excel

36. 软件可分为系统软件和_____软件。

    A) 高级   B) 专用   C) 应用   D) 通用

37. 计算机可以直接执行的语言是_____。

    A) 自然语言   B) 汇编语言   C) 机器语言   D) 高级语言

38. CAD 软件可用于绘制_____。

    A) 机械零件图   B) 建筑设计图   C) 服装设计图   D) 以上都对

39. 计算机中字节的英文名称为_____。

    A) bit   B) Byte   C) Unit   D) Word

40. GB2312 编码收录_____个常用汉字和 682 个图形符号。

    A) 6763   B) 3755   C) 3008   D) 7445

二、填空题

1. 计算机软件主要分为_____和_____。

2. 组成第二代计算机的主要元件是_____。

3. 存储器一般可以分为_____和_____2 种。

4. 内存储器按工作方式可分为_____和_____2 类。

5. 目前微型计算机中常用的鼠标有_____和_____2类。

6. 在计算机中,Intel Core i7 通常指的是_____的型号。

7. 按照打印机的工作方式可分为_____、_____、_____和_____等4类。

8. _____是沟通主机和外部音频设备的通道。

9. 一个二进制整数从右向左数第八位上的 1 相当于_____的_____次方。

10. 表示 7 种状态至少需要_____位二进制码。

11. 十六进制数 F 所对应的二进制数是_____。

12. 已知字符"A"的 ASCII 码为 65,则"F"的 ASCII 码值为_____。

13. 十进制数 87 转换成二进制数是_____。

14. 计算机病毒具有_____、_____、_____、_____和_____等特点。

15. 计算机能直接识别和执行的语言是_____。

三、操作题

1. 查看你的计算机配置情况,并查看计算机中所安装的软件。

2. 查找资料,了解什么是计算机发展过程中的"摩尔定律"。

3. 试写出下列文字的五笔字型编码和智能 ABC 的编码。

画;垢;赠;甩;乙;绱;高级;计算机;光明日报;中华人民共和国

4. 将十进制数 357.96 分别转换为二进制数、八进制数、十六进制数;将二进制数 111010011010110 分别转换为八进制数、十六进制数。

5. 下载一种打字软件,安装后再找一篇科技论文作为测试材料,测试一下你的打字速度,看看每分钟能否达到 40 个汉字以上。

6. 在你的计算机上安装一种杀毒软件,并将其病毒库更新为最新的,然后扫描所有的硬盘,看看是否有病毒,如果有,那么立即进行杀毒处理。

1.4　参考答案

一、选择题

1~5:DADBA;　　6~10:DCDBD;　　11~15:ADDCC;　　16~20:ADBCB;
21~25:DABAD;　　26~30:BAABB;　　31~35:BDCCC;　　36~40:CCDBA。

二、填空题

1. 系统软件、应用软件

2. 晶体管

3. 内存储器、外存储器

4. 随机存储器(RAM)、只读存储器(ROM)

5. 机械式鼠标、光电式鼠标

6. CPU

7. 激光打印机、喷墨式打印机、针式打印机、点阵打印机

8. 声卡

9. 2、7(次序不能颠倒)

10. 3

11. 1111

12. 69

13. 1010111

14. 寄生性、传染性、潜伏性、破坏性、隐蔽性、可触发性、非授权性、针对性、主动性（可任填 5 个）

15. 机器语言

三、操作题

1. 操作步骤如下。

① 用鼠标右键单击"开始"按钮，在快捷菜单中单击"控制面板"命令。

② 打开"控制面板"窗口，单击"系统和安全"选项，显示"系统和安全"窗口。

③ 在"系统和安全"窗口中，单击"系统"选项，即可查看计算机的配置情况。

④ 在"系统和安全"窗口左侧，单击"程序"选项，显示"程序"窗口。

⑤ 在"程序"窗口右侧单击"程序和功能"选项，即可查看计算机中所安装的软件。

2. 略。

3.

字词	画	垢	赠	甩	乙	缃	高级	计算机	光明日报	中华人民共和国
五笔字型编码	GLBJ	FRGK	MULJ	ENV	NNLL	XSHG	YMXE	YTSM	IJJR	KWWL
智能 ABC 编码（音形）	HUA1	GOU7	ZENG2	SHUAI3	YI6	XIANG6	GAOJ6	JSJ7	GMRB1	Z2H3R3G1H3G8

4. $(357.96)_{10}=(101100101.1111)_2$

$(357.96)_{10}=(545.7532)_8$

$(357.96)_{10}=(165.F5C2)_{16}$

$(111010011010110)_2=(72326)_8$

$(111010011010110)_2=(74D6)_{16}$

5. 略。

6. 略。

第2章 操作系统的功能和使用

2.1 知 识 要 点

2.1.1 操作系统

操作系统是系统软件的核心,它负责对计算机系统内各种软、硬资源的管理、控制和监视。

1. 操作系统的基本概念

操作系统是管理计算机硬件与软件资源的程序,同时也是计算机系统的内核与基石。操作系统是控制其他程序运行、管理系统资源并为用户提供操作界面的系统软件的集合。操作系统负责管理与配置内存、决定系统资源供需的优先次序、控制输入与输出设备、操作网络与管理文件系统等基本事务。

2. 操作系统的功能

1) 处理机管理

在多任务操作系统支持下,一段时间里可以同时运行多个程序,而处理机只有一个。操作系统的处理机管理模块需要根据某种策略将处理机不断地分配给正在运行的不同程序(包括从程序那里回收处理机资源)。

2) 存储管理

操作系统的存储管理指的是对内存存储空间的管理。在计算机中,内存容量总是紧张的,要在有限的存储空间中运行程序并处理大量的数据,这就要靠操作系统的存储管理功能模块来控制。

3) 文件管理

文件管理是指操作系统对计算机信息资源的管理,主要任务是管理好外存空间(磁盘)和内存空间,决定文件信息的存放位置,建立起文件名与文件信息之间的对应关系,实现文件的读、写等操作。

4) 设备管理

设备管理主要是针对计算机外部设备,如磁盘等存储设备和键盘、显示器等输入/输出设备的管理。

5) 作业管理

将需要计算机系统为用户做的事情,完成的工作称为一个作业(如一个数值计算、一个文档打印等)。对这些作业进行必要的组织和管理,提高计算机的运行效率是操作系统的作业管理功能。

3. 操作系统的分类

常见的计算机操作系统有以下 4 种类型。

1) 批处理操作系统

批处理操作系统能够大幅度提高系统的数据处理和数据传输能力,但安装和使用批处理操作系统会使计算机系统的交互性能大大降低,用户界面也不够友好。

2) 分时操作系统

在分时操作系统的管理和控制之下,计算机系统可以允许多个用户同时使用。这些用户通过计算机终端设备以交互的方式使用计算机系统。

3) 网络操作系统

网络操作系统除了具有传统操作系统的一些基本功能外,还应该具有网络软件、硬件的管理、控制,网络资源共享,网络信息传输的安全、可靠,网络服务等相关功能。

4) 多用户操作系统

多用户操作系统可以支持多个用户分时使用,Windows 系统就是典型的多用户、多任务操作系统。

2.1.2 Windows 操作系统

1. 基本概念

Windows 是微软公司生产的"视窗"操作系统。Windows 7 的用户界面就是用户与计算机之间交互的界面,任务栏左边是一个"开始"按钮,右边是一个时钟和一些小图标,中间的空间留给代表程序的按钮使用。Windows 7 被划分为入门版、家庭普通版、家庭高级版、专业版和旗舰版/企业版 5 个版本。

2. 常用术语

1) 鼠标

鼠标是一种带有按键的定位设备,Windows 操作系统使用鼠标左键和右键。Windows 屏幕所显示的、由鼠标控制的图形符号称为鼠标指针。用户移动鼠标时,鼠标指针也随之一起移动,不同形状的鼠标指针代表了不同的含义,如图 2.1 所示。

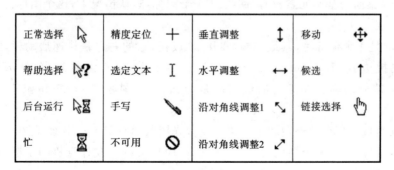

正常选择	↖	精度定位	＋	垂直调整	↕	移动	✥
帮助选择	↖?	选定文本	Ⅰ	水平调整	↔	候选	↑
后台运行	↖⧗	手写	✎	沿对角线调整1	↖	链接选择	☝
忙	⧗	不可用	⊘	沿对角线调整2	↗		

图 2.1　鼠标指针

2) 图标

图标由代表程序、数据、文件夹等各种对象的小图像和标题组成。用户使用鼠标单击某图标,可选择该图标为当前活动图标;用鼠标右键单击某图标,从弹出的快捷菜单中选择"重命名"菜单项,可以编辑、修改该图标标题;双击某图标,可以打开该图标所对应的窗口。

3) 窗口

窗口是程序控制的、可视的、可操作的矩形区域。窗口由各种窗口元素组成,用户可以操作窗口元素。窗口可分为应用程序窗口、资源窗口、文档窗口等 3 类。可以在桌面上打开、移动、放大、缩小窗口,窗口和图标可以进行重新排列。

窗口内可操作的对象主要包括标题栏、菜单栏、工具栏、边框、状态栏、滚动条、工作区。

4) 对话框

对话框是一种特殊的窗口,是系统显示信息和用户输入信息的场所。

5) 文件

计算机中的"文件"是以计算机硬盘为载体存储在计算机上的信息集合。文件可以是文本文档、图片、程序,等等。文件通常具有 3 个字母的文件扩展名,用于指示文件类型。特定的文件都会有特定的图标,也只有安装了相应的软件,才能正确显示这个文件的图标。

6) 文件夹

计算机中的"文件夹"是用来协助人们管理计算机文件的,每一个文件夹对应一块磁盘空间,它提供了指向对应空间的地址,它没有扩展名,也就不像文件那样用扩展名来标识。

7) 库

库是一个虚拟文件夹,其中包含了到实际文件夹的链接(实际文件夹可能在用户的系统中,也可能在网络上)。库可以汇集不同位置的文件,并将其显示为一个集合,以方便用户查看、排序、搜索和筛选,而无须从其存储位置移动这些文件。Windows 7 默认创建了视频、图片、文档和音乐 4 个库。

2.1.3 Windows 操作系统的基本操作和应用

使用鼠标是操作 Windows 最简便的方式。鼠标通常有左、中、右 3 个按键(有的只有左、右 2 个按键),中间的滚轮键一般是用来翻页的。

1. 桌面外观的设置

Windows 桌面的基本元素只有"回收站"1 个图标,默认情况下,这个图标位于屏幕的左上角。

桌面底部是 1 个任务栏,其最左端是"开始"按钮,它的右边是快速启动栏,默认情况下它有 3 个快捷方式:Internet Explorer 浏览器、Windows 资源管理器、Windows Media Player媒体播放管理器。任务栏的最右端是通知区。"显示桌面"按钮位于任务栏的最右端。

在"控制面板"中单击"外观和个性化",或者先用鼠标右键单击桌面,再在快捷菜单中单击"个性化",出现"外观和个性化"窗口。在这时,用户可以更改计算机的主题、更改桌面背景、选择颜色和修改颜色方案、更改桌面图标等。

2. 基本的网络配置

在"控制面板"中单击"网络和 Internet",出现"网络和 Internet"窗口。在"网络和共享中心"栏下可以查看网络状态和任务、查看网络计算机和设备等,在"Internet 选项"栏下可以更改主页、管理浏览器加载项等。

3. 资源管理器的操作与应用

1) 启动资源管理器

启动"Windows 资源管理器"的方法有以下 3 种。

(1) 单击任务栏上的"Windows 资源管理器"按钮。

(2) 单击"开始"按钮,指向"所有程序",再指向"附件",单击"Windows 资源管理器"。

(3) 用鼠标右键单击"开始"按钮,在弹出的快捷菜单中单击"打开 Windows 资源管理器"。

2)"Windows 资源管理器"窗口

"Windows 资源管理器"窗口有"导航"窗格、"细节"窗格、"预览"窗格、"库"窗格、"内容"窗格、工具栏、菜单栏、地址栏、搜索框等重要元素,如图 2.2 所示。

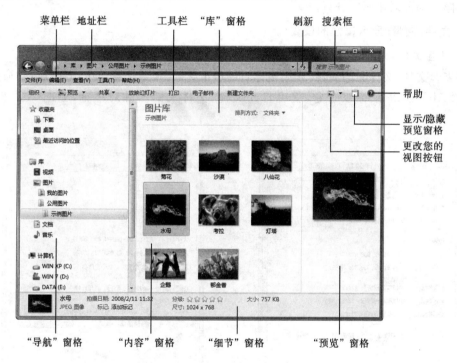

图 2.2　"Windows 资源管理器"窗口

3) Windows 资源管理器的应用

(1) 改变文件的显示方式。单击 Windows 资源管理器工具栏右侧的"更改您的视图"按钮旁边的箭头,或用鼠标右键单击"内容"窗格空白处,在快捷菜单中指向"查看",打开"更改您的视图"菜单。在这里,可改变文件的显示方式。

(2) 排列文件。在"导航"窗格中单击"库",再在"库"窗格中单击"排列方式"菜单,可排列文件。

(3) 排序文件。在文件夹或库窗口,用鼠标右键单击空白空间,指向"排序方式",在"排序方式"子菜单中选择一个属性,就可以按此属性排序文件。

(4) 分组文件。在文件夹或库窗口,用鼠标右键单击空白空间,指向"分组依据",在"分组依据"子菜单中选择一个属性,就可以按此属性分组文件。

(5) 筛选文件。在文件夹或库窗口,用鼠标单击"更改您的视图"按钮旁边的箭头,打开"更改您的视图"菜单,选择"详细信息"。在"详细信息"视图中,用鼠标对准一个标题,会在右侧出现一个下拉箭头。单击箭头即可看到一系列适用于该标题的筛选器,作出选择后,就可筛选文件。

(6) 格式化磁盘。在"导航"窗格或在"内容"窗格中,用鼠标右键单击某磁盘,在弹出的快捷菜单中选择"格式化"命令,就可以格式化所选择的磁盘。

(7) 创建新库。在"导航"窗格中单击"库",在"库"中的工具栏上,单击"新建库",就可创建新库。

(8) 把文件夹包含到库。在"导航"窗格中单击某文件夹,在"库"中的工具栏上,单击"包含到库中",再单击要包含到的库,就可以将文件夹包含到指定的库中。今后对文件或文件夹的操作都可以在库中进行。

4. 文件、磁盘、显示属性的设置

1) 设置文件、文件夹的属性

要查看文件、文件夹的属性,先用鼠标右键单击它,再在快捷菜单中选择"属性"命令;或者按住"Alt"键,用鼠标双击它,就可打开文件、文件夹的属性对话框,如图 2.3、图 2.4 所示。

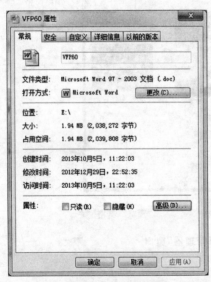

图 2.3 文件属性对话框

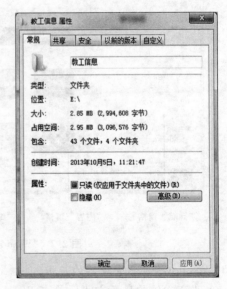

图 2.4 文件夹属性对话框

在对话框中,可以方便地设置文件、文件夹的属性。

2) 设置磁盘的属性

使用同样的方法,可以打开磁盘属性对话框,在该对话框中可以查看、设置磁盘属性。或者,在"导航"窗格单击"计算机",再在"内容"窗格选中要查看属性的磁盘,最后在工具栏上单击"属性"按钮。

3) 设置显示属性

在控制面板中用鼠标双击"显示"命令,打开"显示"窗口。或在桌面空白处单击鼠标右

键,在弹出的快捷菜单中选择"个性化"命令,在"个性化"窗口单击"显示"也可以打开该窗口。在此可查看、设置显示属性。

5. 中文输入法的安装、删除和选用

用鼠标右键单击桌面右下方的"语言栏",在弹出的快捷菜单中单击"设置"命令,打开"文本服务和输入语言"对话框、"常规"选项卡,如图2.5所示。中文输入法的安装、选用和删除都可以在这里完成。

图2.5 "文本服务和输入语言"对话框

6. 检索文件、查询程序的方法

1)检索文件

在资源管理器窗口"导航"窗格单击"库",在"搜索"框中输入要搜索的文件的文件名或部分文件名或关键词,如图2.6所示。这是检索文件最快的方法,但前提是用户要建立库文件。

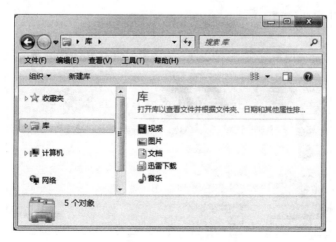

图2.6 检索文件

使用同样的方法,在"导航"窗格单击"计算机""收藏夹"或"网络"后,在"搜索"框中输入要搜索的文件。

如果不知道文件名,但是知道文件的类型(如.doc 或.exe 等),那么在"搜索"框中输入.doc或.exe,或者 * .doc 或 * .exe 即可。

2) 查询程序

用上面的方法也可查询程序,如在"搜索"框中输入.exe 就是查找程序文件。

查询程序还可以先单击"开始"按钮,再在"搜索程序和文件"框中输入程序名或部分程序名。

7. 软、硬件的基本系统工具

1) 优化系统性能

要查看计算机的分级,在资源管理器窗口"导航"窗格中用鼠标右键单击"计算机",从弹出的快捷菜单中选择"属性"。在"系统"窗口的中部列出了 Windows 的体验指数,如图 2.7 所示。在"控制面板"中依次单击"系统和安全""系统",也可显示"系统"窗口。

图 2.7　Windows **体验指数**

单击"要求刷新 Windows 体验指数",开始刷新体验指数,刷新结束后显示"性能信息和工具"窗口,可查看决定系统总体性能的 5 个基本元素,如图 2.8 所示。刷新过程可能需要

图 2.8　"Windows 体验指数"评估系统性能的 5 个决定因素

几分钟。系统分级如果显示"Windows 体验指数",单击它可直接查看。

在"性能信息和工具"窗口的右侧单击"高级工具",显示"高级工具"窗口。单击"生成系统健康报告",随后打开"资源和性能监视器",收集数据,结束后会显示一份"系统诊断报告"。

2）监视系统性能

监视系统性能有以下 2 种方法。

（1）使用资源监视器。单击"开始"按钮,指向"所有程序""附件""系统工具",打开"资源监视器"窗口,如图 2.9 所示。或在"开始"菜单的"搜索程序和文件"框中输入"监视",并单击"资源监视"链接。或在上述"高级工具"窗口中单击"打开资源监视器"。

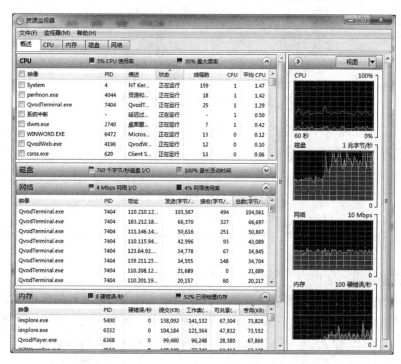

图 2.9　"资源监视器"窗口

"概述"选项卡通过表格和图表详细总结了 4 种关键资源的性能表现。

（2）使用 Windows 任务管理器。按"Ctrl＋Shift＋Esc"组合键打开"Windows 任务管理器",如图 2.10 所示。也可以按"Ctrl＋Alt＋Delete"组合键后,选择"启动任务管理器"。"Windows 任务管理器"的"性能"选项卡允许用户快速查看 CPU 和内存的使用情况。

3）定期清理磁盘

单击"开始"按钮,指向"所有程序""附件""系统工具",单击"磁盘清理"命令;或在"控制面板"窗口,依次单击"系统和安全""释放磁盘空间",打开"选择驱动器"对话框。从"驱动器"下拉列表中选择待清理的磁盘盘符（如 C 盘）,再单击"确定"按钮。

4）定期进行磁盘碎片整理

单击"开始"按钮,指向"所有程序""附件""系统工具",单击"磁盘碎片整理程序"命令;或在"控制面板"窗口,依次单击"系统和安全""对硬盘进行磁盘整理",打开"磁盘碎片整理

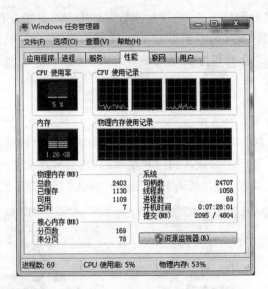

图 2.10　"Windows 任务管理器"的"性能"选项卡

程序"对话框。在"当前状态"列表中,单击待整理碎片的驱动器名称(如 C 盘)。最后单击"磁盘碎片整理"按钮,开始碎片整理。

2.2　案例分析

例 2.1　Windows 中,用户用来查看最新消息并解决计算机问题的功能名称是什么?

答:操作中心。

知识点:操作中心的作用。

分析:操作中心是一个查看警报和执行操作的中心位置,它可帮助保持 Windows 稳定运行。单击"开始"按钮,指向"控制面板""系统和安全""操作中心",可打开"操作中心"窗口,如图 2.11 所示。单击"安全"或"维护"右侧的箭头,可查看详细信息。

将鼠标指向任务栏最右侧的通知区域中的"操作中心"图标，可快速查看操作中心是否有新消息。单击某消息解决问题,也可单击该图标,打开"操作中心"。

例 2.2　在 E 盘上创建文件夹"JSJ",应该如何操作?

答:操作步骤如下。

(1) 在任务栏上单击"Windows 资源管理器"图标,打开"Windows 资源管理器"窗口。

(2) 在"导航"窗格依次单击"计算机""E"盘图标。

(3) 单击工具栏上的"新建文件夹"按钮,即在"内容"窗格创建一个新文件夹,并选中文件夹名。

(4) 直接输入"JSJ",在空白处单击完成操作。

其他方法:在 E 盘任意空白处用鼠标右键单击,在弹出的快捷菜单中选择"新建",在下级子菜单中选择"文件夹"命令,输入文件名"JSJ"。

知识点:创建文件夹。

例 2.3　创建文件夹"JSJ"的桌面快捷方式。

图 2.11 "操作中心"窗口

答:操作步骤依次为:选中文件夹"JSJ",选择"文件"菜单,指向"发送到",单击"桌面快捷方式"。

其他方法:选中文件夹"JSJ",用鼠标右键单击,选择"发送到""桌面快捷方式"。或者选中文件夹"JSJ",直接用鼠标将"JSJ"拖曳到桌面上。

知识点:创建文件、文件夹或程序的桌面快捷方式。

例 2.4 将 E 盘文件夹"JSJ"设置为只读、隐藏属性。

答:在资源管理器窗口中,选中"JSJ"文件夹,单击"文件""属性",弹出"JSJ 属性"对话框,在"常规"选项卡中选中"只读""隐藏"复选框,依次单击"应用"按钮、"确定"按钮。

知识点:文件或文件夹属性。

例 2.5 写出启动"记事本"的操作步骤。

答:单击"开始"按钮、指向"所有程序""附件",单击"记事本"。

知识点:记事本的应用、文本文件。

例 2.6 要安装 Windows 7,系统磁盘分区应该是什么格式?为什么?

答:NTFS 格式。这是因为:

(1) NTFS 是一个可恢复的文件系统,在 NTFS 分区上用户很少需要运行磁盘修复程序,NTFS 通过使用标准的事务处理日志和恢复技术来保证分区的一致性。发生系统失败事件时,NTFS 使用日志文件和检查点信息自动恢复文件系统的一致性。

(2) NTFS 支持对分区、文件夹和文件的压缩。任何基于 Windows 的应用程序对 NTFS 分区上的压缩文件进行读/写时不需要事先由其他程序进行解压缩,当对文件进行读取时,文件将自动进行解压缩;文件关闭或保存时会自动对文件进行压缩。

(3) NTFS 采用了更小的簇,可以更有效地管理磁盘空间。当分区的大小在 2 GB 以上

(2 GB~2 TB)时,簇的大小都为 4 KB。相比之下,NTFS 可以比 FAT32 更有效地管理磁盘空间,最大限度地避免了磁盘空间的浪费。

(4) 在 NTFS 分区上,可以为共享资源、文件夹以及文件设置访问许可权限。

知识点:磁盘格式化、NTFS 格式的优点。

例 2.7 在 Windows 7 中,可以进行哪些个性化设置? 简述其操作步骤。

答:在 Windows 7 中,至少可以进行 7 个方面的个性化设置。

(1) 更换桌面主题。操作步骤为:在桌面空白处用鼠标右键单击,在弹出的快捷菜单中选择"个性化"选项,打开"个性化"窗口。系统中预先提供数十款不同的主题,用户可以随意挑选其中的任意一款。

(2) 创建桌面背景幻灯片。操作步骤为:在"个性化"窗口,单击"桌面背景",打开"桌面背景"窗口;选择图片位置列表;按住"Ctrl"键选择多个图片文件;设定时间参数、图片显示方式;最后单击"保存"按钮即可。

(3) 移动任务栏。操作步骤为:用鼠标右键单击任务栏,选择"属性"命令,单击"任务栏"选项卡,在"屏幕任务栏位置"下拉列表中选择所需的位置,单击"确定"按钮。

(4) 添加应用程序和文档到任务栏。操作步骤为:若是正在使用的程序和文档,则在任务栏上用鼠标右键单击它的图标,在快捷菜单中选择"将此程序锁定到任务栏"命令即可。若是未运行的程序,则在资源管理器窗口中找到该文件,在"文件"菜单或在右键快捷菜单中单击"锁定到任务栏"命令。

(5) 自定义开始菜单。操作步骤为:用鼠标右键单击"开始"按钮,选择"属性"命令,打开"任务栏和「开始」菜单属性"对话框"「开始」菜单"选项卡,单击"自定义"按钮,打开"自定义「开始」菜单"对话框,如图 2.12 所示,选择设置,单击"保存"按钮。

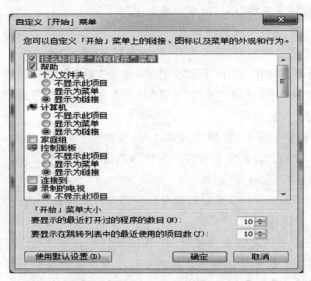

图 2.12 "自定义「开始」菜单"对话框

(6) 设置关机按钮选项。操作步骤为:用鼠标右键单击"开始"按钮,选择"属性"命令,选择"「开始」菜单"选项卡,在"电源按钮操作"下拉列表中选择默认系统状态,单击"确定"按钮。

（7）添加桌面小工具。操作步骤为：用鼠标右键单击桌面空白处，在快捷菜单中选择"小工具"命令，如图 2.13 所示，双击某个工具即可将该工具添加到桌面。

图 2.13　系统小工具

知识点：更换桌面主题、创建桌面背景幻灯片、移动任务栏、添加应用程序和文档到任务栏、自定义开始菜单、设置关机按钮选项、添加桌面小工具等。

例 2.8　Windows 7 的默认库有哪些？库与文件夹有什么区别？

答：Windows 7 中有视频、图片、文档和音乐 4 个默认库。

一是存储的差异。从表面上看，库与文件夹相似。如与文件夹一样，在库中也可以包含各种各样的子库与文件，等等。但是，其本质上与文件夹有很大的不同，在文件夹中保存的文件或者子文件夹，要存储在同一个地方。而在库中存储的文件则可以来自于用户计算机上的关联文件，或者来自于移动磁盘上的文件。这个差异看起来比较细小，但却是传统文件夹与库之间的最本质的差异。

二是管理方式上的差异。库的管理方式更加接近于快捷方式，用户可以不用关心文件或文件夹的具体存储位置。用户在库中就可以看到所需要了解的全部文件（只要用户事先把这些本地硬盘或移动磁盘中的文件或者文件夹加入库中）。或者说，库中的对象就是各种文件夹与文件的一个快照，库中并不真正存储文件，只提供一种更加快捷的管理方式。如果库中的文件来自移动磁盘，那么在库中打开这些文件时，要确保移动磁盘已经连接到用户主机上。

知识点：库、文件夹。

2.3　强 化 训 练

一、选择题

1. Windows 的整个显示屏幕称为_____。
　A）窗口　　　　　B）操作台　　　　C）工作台　　　　D）桌面
2. 在 Windows 默认状态下，鼠标指针 ⧖ 的含义是_____。
　A）忙　　　　　　B）链接选择　　　C）后台操作　　　D）不可用

3. Windows 系统安装并启动后,由系统安排在桌面上的图标是_____。

   A) 资源管理器   B) 回收站   C) Word   D) Internet Explorer

4. 在 Windows 中为了重新排列桌面上的图标,首先应进行的操作是_____。

   A) 用鼠标右键单击桌面空白处

   B) 用鼠标右键单击任务栏空白处

   C) 用鼠标右键单击已打开窗口的空白处

   D) 用鼠标右键单击"开始"菜单空白处

5. 删除 Windows 桌面上的某个应用程序快捷方式图标,意味着_____。

   A) 该应用程序连同其图标一起被删除

   B) 只删除了该应用程序,对应的图标被隐藏

   C) 只删除了图标,对应的应用程序被保留

   D) 该应用程序连同图标一起被隐藏

6. 在 Windows 中,任务栏_____。

   A) 只能改变位置,不能改变大小

   B) 只能改变大小,不能改变位置

   C) 既不能改变位置,也不能改变大小

   D) 既能改变位置,也能改变大小

7. Windows 中文件的属性有_____。

   A) 只读、隐藏   B) 存档、只读   C) 隐藏、存档   D) 备份、存档

8. 下列叙述中,正确的是_____。

   A) "开始"菜单只能用鼠标单击"开始"按钮才能打开

   B) Windows 任务栏的大小是不能改变的

   C) "开始"菜单是系统生成的,用户不能再设置它

   D) Windows 的任务栏可以放在桌面任意一条边上

9. 利用窗口左上角的控制菜单图标不能实现的操作是_____。

   A) 最大化窗口   B) 打开窗口   C) 移动窗口   D) 最小化窗口

10. 在 Windows 中,利用键盘操作,移动已选定窗口的正确方法是_____。

   A) 按"Alt+空格"键打开窗口的控制菜单,然后按"N"键,用光标键移动窗口并按
      "Enter"键确认

   B) 按"Alt+空格"键打开窗口的快捷菜单,然后按"M"键,用光标键移动窗口并按
      "Enter"键确认

   C) 按"Alt+空格"键打开窗口的快捷菜单,然后按"N"键,用光标键移动窗口并按
      "Enter"键确认

   D) 按"Alt+空格"键打开窗口的控制菜单,然后按"M"键,用光标键移动窗口并按
      "Enter"键确认

11. 在 Windows 中,用户同时打开多个窗口时,可以层叠式或堆叠式排列。要想改变
    窗口的排列方式,应进行的操作是_____。

   A) 用鼠标右键单击任务栏空白处,然后在弹出的快捷菜单中选取要排列的方式

   B) 用鼠标右键单击桌面空白处,然后在弹出的快捷菜单中选取要排列的方式

C）打开资源管理器，依次选择"查看""排列图标"命令

D）打开"计算机"窗口，依次选择"查看""排列图标"命令

12. 在 Windows 中，当一个窗口已经最大化后，下列叙述中错误的是_____。

A）该窗口可以关闭　　　　　　　　B）该窗口可以移动

C）该窗口可以最小化　　　　　　　D）该窗口可以还原

13. 在 Windows 下，当一个应用程序窗口被最小化后，该应用程序_____。

A）终止运行　　　　　　　　　　　B）暂停运行

C）继续在后台运行　　　　　　　　D）继续在前台运行

14. Windows 中窗口与对话框的区别是_____。

A）对话框不能移动，也不能改变大小

B）两者都能移动，但对话框不能改变大小

C）两者都能改变大小，但对话框不能移动

D）两者都能改变大小和移动

15. 下列关于 Windows 对话框的叙述中，错误的是_____。

A）对话框是提供给用户与计算机对话的界面

B）对话框的位置可以移动，但大小不能改变

C）对话框的位置和大小都不能改变

D）对话框中可能会出现滚动条

16. 在 Windows 中，用户可以使用_____功能释放磁盘空间。

A）磁盘清理　　　　　　　　　　　B）磁盘碎片整理

C）桌面清理　　　　　　　　　　　D）删除桌面快捷方式

17. 在资源管理器中，单击左侧导航窗格中文件夹图标左侧的"▲"图标后，屏幕上显示结果的变化是_____。

A）该文件夹的下级文件夹显示在窗口右部

B）左侧导航窗格中显示的该文件夹的下级文件夹消失

C）该文件夹的下级文件夹显示在左侧导航窗格中

D）右侧窗格中显示的该文件夹的下级文件夹消失

18. 在 Windows 的资源管理器中，若希望显示文件的名称、类型、大小等信息，则应该选择"查看"菜单中的_____命令。

A）列表　　　　B）详细资料　　　　C）大图标　　　　D）小图标

19. "Windows 是一个多任务操作系统"指的是_____。

A）Windows 可运行多种类型各异的应用程序

B）Windows 可同时运行多个应用程序

C）Windows 可供多个用户同时使用

D）Windows 可同时管理多种资源

20. 不能打开资源管理器的操作是_____。

A）单击任务栏上的"Windows 资源管理器"图标

B）用鼠标右键单击"开始"按钮

C）在"开始"菜单中依次选择"所有程序""附件""Windows 资源管理器"命令

D) 单击任务栏空白处

21. 按住鼠标左键的同时,在同一驱动器不同文件夹内拖动某一对象,结果是_____。

A) 移动该对象　　B) 复制该对象　　C) 无任何结果　　D) 删除该对象

22. 非法的 Windows 文件夹名是_____。

A) x＋y　　　　　B) x－y　　　　　C) X＊Y　　　　　D) X÷Y

23. 执行_____操作,将立即删除选定的文件或文件夹,而不会将它们放入回收站。

A) 按住"Shift"键,再按"Del"键

B) 按"Del"键

C) 选择"文件""删除"菜单命令

D) 在快捷菜单中选择"删除"命令

24. 在 Windows 的窗口中,选中末尾带有省略号的菜单命令意味着_____。

A) 将弹出下级菜单　　　　　　　B) 将执行该菜单命令

C) 该菜单项已被选用　　　　　　D) 将弹出一个对话框

25. 在 Windows 中,按"PrintScreen"键,则使整个桌面内容_____。

A) 打印到打印纸上　　　　　　　B) 打印到指定文件

C) 复制到指定文件　　　　　　　D) 复制到剪贴板

26. 图标是 Windows 操作系统中的一个重要概念,用于表示 Windows 的对象。它可以指_____。

A) 文档或文件夹　　　　　　　　B) 应用程序

C) 设备或其他的计算机　　　　　D) 以上都正确

27. 在 Windows 中,下列关于"任务栏"的叙述,错误的是_____。

A) 可以将任务栏设置为自动隐藏

B) 任务栏可以移动

C) 通过任务栏上的按钮,可实现窗口之间的切换

D) 在任务栏上,只能显示当前活动窗口的名称

28. 将鼠标指针移到窗口边框上,当其变为_____形状时,拖动鼠标就可以改变窗口大小。

A) 小手　　　　　B) 双向箭头　　　C) 四方向箭头　　D) 十字

29. 用鼠标右键单击"计算机"图标,在弹出的快捷菜单中选择"属性"命令,可以直接查看_____。

A) 系统属性　　　B) 控制面板　　　C) 硬盘信息　　　D) C 盘信息

30. 在 Windows 中,回收站是_____。

A) 内存中的一块区域　　　　　　B) 硬盘上的一块区域

C) 软盘上的一块区域　　　　　　D) 高速缓存的一块区域

31. 下列关于 Windows 回收站的叙述中,错误的是_____。

A) 回收站可以暂时或永久存放硬盘上被删除的信息

B) 放入回收站的信息可以恢复

C) 回收站所占据的空间是可以调整的

D) 回收站可以存放 U 盘上被删除的信息

32. 在 Windows 默认环境中,中英文输入切换键是_____。

    A) Ctrl+Alt   B) Ctrl+空格   C) Shift+空格   D) Ctrl+Shift

33. 主题是计算机上的图片、颜色和声音的组合,它包括_____。

    A) 桌面背景   B) 窗口边框颜色

    C) 屏幕保护程序   D) 声音方案

34. 能够提供即时信息及可轻松访问常用工具的桌面元素是_____。

    A) 桌面图标   B) 桌面小工具   C) 任务栏   D) 桌面背景

35. 保存"画图"程序建立的文件时,默认的扩展名是_____。

    A) GIF   B) JPEG   C) PNG   D) BMP

36. Windows 中录音机录制的声音文件默认的扩展名是_____。

    A) MP3   B) WAV   C) WMA   D) RM

37. MP3 文件属于_____。

    A) 无损音频格式文件   B) MIDI 数字合成音乐格式文件

    C) 压缩音频格式文件   D) 都不对

38. 使用 Windows DVD Maker 制作简单的 DVD 视频时,若要选择多张图片或多个视频,则应在按住_____键的同时单击要添加的每张图片或每个视频。

    A) Ctrl   B) Shift   C) Alt   D) Esc

39. 桌面"便笺"程序不支持的输入方式是_____。

    A) 键盘输入   B) 手写输入   C) 扫描输入   D) 语音输入

40. 写字板是一个用于_____的应用程序。

    A) 图形处理   B) 程序处理   C) 文字处理   D) 信息处理

二、填空题

1. 在 Windows 中,一个库中最多可以包含_____个文件夹。

2. 在 Windows 中,各级文件夹之间有包含关系,使得所有文件夹构成一_____状结构。

3. 在 Windows 中,按住鼠标左键在不同驱动器之间拖动对象时,系统默认的操作是_____。

4. 选定多个连续的文件或文件夹,应首先选定第一个文件或文件夹,然后按住_____键,单击最后一个文件或文件夹。

5. 在 Windows 的"回收站"窗口中,要想恢复选定的文件或文件夹,可按工具栏上的_____按钮。

6. 文本框用于输入_____,用户既可直接在文本框中键入信息,也可单击右端带有的_____按钮打开下拉列表框,从中选取所需信息。

7. Windows 提供许多种字体,字体文件存放在_____文件夹中。

8. 当选定文件或文件夹后,欲改变其属性设置,可以用鼠标_____键,然后在弹出的_____中选择"属性"命令。

9. 在 Windows 中,配置声音方案就是定义在发生某些事件时所发出的声音。配置声音方案应通过控制面板中的_____选项。

10. 在中文 Windows 中,为了添加某一中文输入法,应在"控制面板"窗口中选择_____选项。

11. 若使用"写字板"程序创建一个文档,如果没有指定该文档的存放位置,则系统将该文档默认存放在_____中。

12. 使用"记事本"程序创建的文件默认扩展名是_____。

13. 双击桌面上的图标即可_____该图标代表的程序或窗口。

14. 要排列桌面上的图标,可用鼠标_____键单击桌面空白处,在弹出的快捷菜单中选择_____命令。

15. 剪切、复制、粘贴、全选操作的快捷键分别是_____、_____、_____、_____。

16. 按"Alt+Esc"组合键可以完成活动_____的切换,相当于用鼠标单击活动_____按钮。

17. 用户当前正在使用的窗口为_____窗口。

18. 用鼠标单击应用程序窗口的_____按钮时,将导致应用程序运行结束。

19. 和 Windows 系统相关的文件都放在_____文件夹及其子文件夹中,应用程序默认都放在_____文件夹中。

20. 操作系统的基本功能包括_____、_____、_____、_____和_____5 大部分。

三、操作题

1. 将"开始"菜单上的图片更改为用户的头像(用户的照片事先存放在"图片"库中)。

2. 将桌面更改为用户的照片(假设用户的照片已存放在"图片"库中)。

3. 在计算机桌面上创建一个"画图"程序的快捷方式。

4. 从网上下载"方正魏碑繁体"字体,并安装到自己的计算机上。

5. 用尽可能多的方法在 Windows 中获得帮助信息。

6. 在你的移动存储器中创建一个文件夹,并用自己的姓氏拼音命名。再在该文件夹下创建 3 个子文件夹,分别命名为 study、music、photo。

7. 在"Windows 资源管理器"中练习复制、删除、移动文件和文件夹。

8. 对你的计算机进行磁盘清理和磁盘碎片整理。

9. 在磁盘上查找特定的文件。

10. 为计算机添加用户账户。

2.4　参　考　答　案

一、选择题

1~5:DABAC;	6~10:DACBD;	11~15:ABCBC;	16~20:ABBBD;
21~25:ACADD;	26~30:DDBAB;	31~35:DDCBC;	36~40:CCBDC。

二、填空题

1. 50　　　　　2. 树　　　　　3. 移动　　　　　4. Shift

5. 还原此项目　　　6. 文本、下拉列表箭头（次序不能颠倒）

7. Fonts　　　　　　8. 右、快捷菜单（次序不能颠倒）

9. 硬件和声音　　　10. 时钟、语言和区域　　　　　　　11. 文档库

12. txt　　　　　　　13. 打开　　　14. 右、查看（次序不能颠倒）

15. Ctrl＋X、Ctrl＋C、Ctrl＋V、Ctrl＋A　16. 窗口、任务栏（次序不能颠倒）

17. 活动　　　　　　18. 关闭

19. Windows、Program Files（次序不能颠倒）

20. CPU 管理、存储管理、输入/输出设备管理、作业管理、文件管理

三、操作题

1. 用户可以将"开始"菜单上的图片更改为用户头像的操作步骤如下。

① 用户事先将自己头像的照片存放在"图片"库中。

② 依次用鼠标单击"开始"按钮、"开始"菜单上的用户名、"更改账户设置"命令。

③ 打开"设置·你的账户"窗口，如图 2.14 所示。

图 2.14　"设置·你的账户"窗口

④ 单击"浏览"按钮，打开"打开"对话框，如图 2.15 所示，在左窗格单击"图片"库，在右窗格单击用户头像，再单击"选择图片"按钮。

2. 用户将桌面背景更改为自己的照片的操作步骤如下。

① 用户事先将自己头像的照片存放在"图片"库中。

② 在"图片"库中，用鼠标右键单击自己的头像，在弹出的快捷中单击"设置为桌面背景"命令。

3. 在计算机桌面上创建"画图"程序快捷方式的操作步骤如下。

① 依次单击"开始"按钮、"所有应用"、"Windows 附件"。

② 找到"画图"程序，按下鼠标左键，将其拖曳到桌面。

4. 下载、安装"方正魏碑繁体"字体的操作步骤如下。

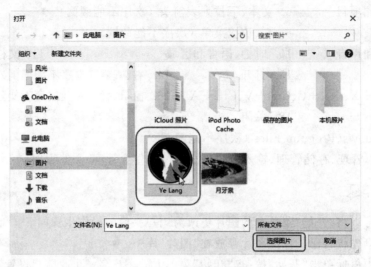

图 2.15 "打开"对话框

① 打开浏览器,找一款搜索引擎,如"百度"。

② 在搜索框中输入"方正魏碑繁体",打开字体网站,下载字体。

③ 用鼠标右键单击字体文件,然后单击"Install"命令。

5. 详见教材第 2.2.5 节。

6. 操作步骤如下。

① 用鼠标右键在移动存储器中的任意空白处单击。

② 如图 2.16 所示,用鼠标指向快捷菜单中的"新建"命令,在下一级子菜单中单击"文件夹"命令。

③ 将文件夹名称用自己的姓氏拼音命名。

④ 双击打开刚建立的文件夹,用前述方法创建 3 个子文件夹,分别命名为 study、music、photo。

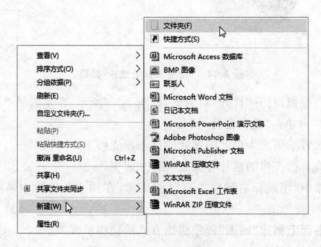

图 2.16 创建文件夹

7. 略。

8. 详见教材第 2.8 节。

9. 操作步骤如下。

① 在任务栏上单击"文件资源管理器"图标,打开"文件资源管理器"窗口。

② 在左窗格单击选中"此电脑"或某磁盘,在右窗格右上角"搜索"框中输入要查找的文件名。

10. 详见教材第 2.4.1 节。

第3章 文字处理软件的功能和使用

3.1 知 识 要 点

3.1.1 Word 的基本概念

1. Word 的基本功能和运行环境

（1）Word 的基本功能。

Microsoft Word 2010 是一款典型的文档编辑软件，它具有出色的文字处理功能。使用它可创建专业水准的文档，用户可以轻松地与他人协同工作并可在任何地点访问自己的文件。Word 有迄今为止最佳的文档格式设置工具，利用它还可更轻松、更高效地组织和编写文档。

（2）Word 的运行环境。

CPU：500 MHz 或更快。

内存：至少 256 MB，建议 512 MB 以上。

显示器：支持 1024×768 或更高的分辨率。

操作系统：Windows XP(SP3)、Windows Vista(SP1)或 Windows 7。

浏览器：Internet Explorer 6.0 及以上版本。

安装 Office 2010 套装需要 3 GB 以上的磁盘空间，如果单独安装 Word 2010，需要 2 GB 以上的磁盘空间。

2. Word 的启动和退出

1) Word 的启动

启动 Word 的操作步骤如下。

（1）单击"开始"按钮，弹出"开始"菜单。

（2）在"开始"菜单中，指向"所有程序"菜单，弹出"所有程序"子菜单。

（3）在"所有程序"子菜单中，指向"Microsoft Office"，再单击"Microsoft Word 2010"，便可启动它。

2) Word 的退出

退出 Word 有以下 3 种方法。

（1）双击 Word 窗口左上角的文档控制图标 W 。

（2）单击"文件"选项卡，再单击"退出"命令。

（3）单击 Word 窗口右上角的"关闭"按钮。

3. Word 的窗口

Word 窗口由标题栏、功能区、文本编辑区、滚动条以及状态栏等组成，如图 3.1 所示。

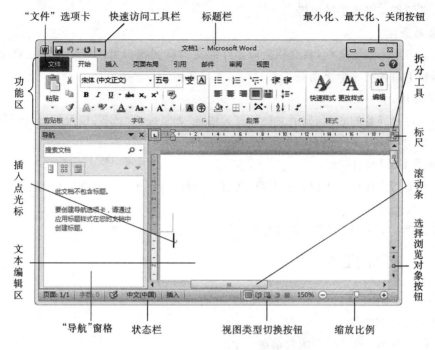

图 3.1 Word 2010 窗口的组成

1）"文件"选项卡

"文件"选项卡位于 Word 窗口的左上角。打开文档，并单击"文件"选项卡可查看 Backstage 视图。Microsoft Office Backstage 视图是用于对文档执行操作的命令集。

2）快速访问工具栏

快速访问工具栏是功能区左上方的一个小区域。它包含日常工作中频繁使用的 3 个命令，即"保存""撤消"和"恢复"。

3）标题栏

标题栏显示出应用程序的名称及本窗口所编辑文档的文件名。标题栏右侧是 3 个窗口控制按钮。

4）功能区

在文档的上方，功能区横跨 Word 的顶部。功能区将最常用的命令置于最前面，用户可以轻松地完成常见任务，而不必在程序的各个部分寻找需要的命令。

Word 功能区有 3 个基本组件，即选项卡、组和命令（按钮）。

5）文本区和文本选定区

文本编辑区可称为文本区，也可称为编辑区，它占据屏幕的大部分空间。在该区除了可输入文本外，还可以插入表格和图形。编辑和排版也在文本区中进行。

文本区左边包含一个"文本选定区"。在文本选定区，鼠标指针会变成左指箭头形状，用户可以在文本选定区选定所需的文本。

6）标尺

标尺是一个在屏幕上用字或其他度量单位作为标记的比例尺，是一个可选择的栏目。

它可以用来调整文本段落的缩进。

7）滚动条

滚动条可用来滚动文档,将文档窗口之外的文本移到窗口可视区域中。在每个文档窗口的右边和下边各有一个滚动条。

8）状态栏

状态栏位于屏幕的底部,显示文档的有关信息(如页面、字数等)以及修订、改写、扩展和自动校正等功能状态。

9）视图类型切换按钮

视图类型切换按钮位于窗口右下角,共有5个按钮,用于常用视图的切换显示。

10）缩放比例

缩放比例位于窗口右下角,通过它可以缩放文档的显示比例。

3.1.2　文档的基本操作

1. 文档的创建

创建文档的方法如下。

(1) 启动 Word 软件时系统会新建一个空白文档。

(2) 编辑文档时,单击"文件"选项卡,选择"新建"命令,在"可用模板"列表中选择"空白文档",再在窗口右侧单击"创建"按钮,即可创建一个空白文档。如果选择一个模板或在"Office.com 模板"栏中选择一个模板,就可创建一个基于模板的新文档。

(3) 在桌面空白处或"Windows 资源管理器"窗口的"内容"窗格空白处单击鼠标右键,在快捷菜单中单击"新建""Microsoft Word 文档"命令,即可创建一个名为"新建 Microsoft Word 文档"的新文档。

(4) 编辑文档时,按"Ctrl＋N"组合键。

2. 文档的打开

打开文档的方法如下。

(1) 找到需要打开的文档,用鼠标双击该文档;或用鼠标右键单击该文档,在弹出的快捷菜单中选择"打开"命令;或用鼠标点击选中文档,按回车键打开文档。

(2) 编辑文档时,单击"文件"选项卡,再单击"最近使用文件",在窗格右侧列表中可以看到最近使用过的文档。单击要打开的文档的文件名即可。

(3) 编辑文档时,单击"文件"选项卡,再单击"打开"命令,在"打开"窗口中找到要打开的文档后,单击"打开"按钮。

(4) 编辑文档时,按"Ctrl＋O"组合键。

3. 文档的输入

选择好输入法,将光标定位于文档中,即可输入文本。默认状态下,按"Ctrl＋空格"键可以在中、英文输入状态之间切换,按"Shift＋Ctrl"组合键可以在各种输入法之间切换。

4. 文档的保存

保存文档的方法如下。

（1）单击"文件"选项卡，再单击"保存"选项。如果曾保存过文档，则直接保存；如果文档没有被保存过，则打开"另存为"窗口。选择保存位置，输入文档名，单击"保存"按钮即可。

（2）单击快速访问工具栏中的"保存"按钮。

（3）按"Ctrl＋S"组合键。在编辑文档过程中，最好常按此组合键，以防止因意外造成文档内容丢失。

（4）单击"文件"选项卡，选择"选项"，打开"Word 选项"对话框，单击"保存"，选中"保存自动恢复信息时间间隔"前面的复选框，在"分钟"微调框中调整或直接输入 1 到 120 之间的整数，单击"确定"按钮。这样，在文档工作时，Word 将周期性地保存文档，状态栏将显示出信息"Word 正在被保存"和进度。

3.1.3　文本的编辑

1. 文本的选定

在选定文本内容后，被选中的部分增加了浅蓝色底纹，对选定了的文本可以方便地实施诸如删除、替换、移动、复制等操作。

1）使用鼠标选定文本

将鼠标指针移到想要选定的文本首部（或尾部），按住鼠标左键将鼠标指针拖曳到欲选定的文本尾部（或首部），释放鼠标左键，此时欲选定的文本被添加浅蓝色底纹，表示选定完成。

文档窗口文本区的左侧没有字符的部分称为"选择区"，鼠标指针进入这个范围后，指针形状变成向右指的箭头。

在选择区中拖曳鼠标，则选中一个连续区域；用鼠标单击"行首"（指位于选择区内每一行的首部），则选中一行；用鼠标双击"行首"，则选中一段文本；用鼠标双击"选择区"，则选中整个文档。

在正文区的某一行拖曳鼠标，可选中一行中的连续字符。从某行开始按下鼠标左键并拖曳鼠标，可选中连续的几行内容。

2）使用键盘选定文本

按"Shift＋方向"键，选中光标移过的行和列；按"Shift＋Home"组合键，选中当前光标到行首的文本内容；按"Shift＋End"组合键，选中当前光标到行尾的文本内容。

按"Shift ＋ PageUp"组合键，选定上一屏；按"Shift ＋ PageDown"组合键，选定下一屏；按"Ctrl ＋ A"组合键，选定整个文档。

2. 插入与删除

用下述移动文本的方法可以实现文本插入操作。

在"插入"选项卡"文本"组中，单击"对象"旁边的下拉列表按钮，选择"文件中的文字"，在"插入文件"窗口选择要插入的文件，单击"插入"按钮，可将一个文档插入当前插入点。使用"插入"选项卡，还可在文档中插入表格、插图、符号、链接和艺术字、日期时间等其他文本对象。

选中要删除的文本，按"Delete"键。

3.复制与移动

复制文本的操作是由"复制"和"粘贴"两步操作完成的。首先选中文本,再单击快速访问工具栏中的"复制"按钮(或按"Ctrl＋C"组合键),将选中的内容复制到剪贴板。然后单击快速访问工具栏中的"粘贴"按钮(或按"Ctrl＋V"组合键),将剪贴板的内容粘贴到当前光标处。

移动文本的操作是由"剪切"和"粘贴"两步操作完成的。首先选中文本,再单击快速访问工具栏中的"剪切"按钮(或按"Ctrl＋X"组合键),将选中的内容剪切到剪贴板。然后单击快速访问工具栏中的"粘贴"按钮(或按"Ctrl＋V"组合键),将剪贴板的内容粘贴到当前光标处。

用拖曳的方法也可以移动文本:选中要移动的文本,将鼠标指针移动到该对象处并按下鼠标左键,然后拖曳对象到目标位置,释放鼠标。

4.查找与替换

在"开始"选项卡"编辑"组中,单击"查找"按钮,打开"导航"窗格,在"搜索"框中输入要查找的信息,系统会立即显示搜索结果,且同时在"导航"窗格和文本区显示该信息的出处(添加深色底纹)。

在"开始"选项卡"编辑"组中,单击"替换"按钮,打开"查找和替换"对话框,用它可完成文本、格式、特殊符号的替换。

5.多窗口和多文档的编辑

Word 允许同时打开多个文档窗口(打开 2 个文档,在任务栏上显示的图标为 ),但只有一个是活动窗口(也称当前窗口)。当用鼠标指向任务栏上的图标时,显示打开的多个文档窗口缩略图,如图 3.2 所示。用鼠标指向哪个文档窗口缩略图,哪个文档就会显示在桌面上,用鼠标单击,它就成为活动窗口。

图 3.2　打开的 2 个文档窗口缩略图

用户可以在桌面上按所需要的方式排列这些窗口。用鼠标右键单击任务栏上的空白处,在快捷菜单中选择叠层、堆叠、并排 3 种方式排列窗口。用户可以随时在不同的文档中编辑,在这些窗口之间,通过复制、粘贴可以实现对象的传递和交换,用户还可以直接用鼠标将一个文档中的对象拖动到其他文档窗口中。

3.1.4　文档的排版

1.字体格式设置

字符格式化是指对作为文本输入的汉字、英文字母、数字和各种符号等对象进行类型格式化，以修饰文本效果。在字符键入前或键入后，都能对字符进行格式设置操作。字符格式化主要在"开始"选项卡"字体"组中操作，如图 3.3 所示。

单击"字体"组中右下角的"对话框启动器"，或用鼠标右键单击所选定的文本，在快捷菜单中选择"字体"命令，可打开"字体"对话框"字体"选项卡，在这里可以对中文字体、西文字体、字形、字号、字体颜色等进行设置。在"高级"选项卡中，可以设置字符间距。

2. 段落格式设置

一个段落是后面跟有段落标记的任何数量的文本和图形，或任何其他项目。段落标记储存着用于每一段落的格式，每按一次"Enter"键就插入一个段落标记。段落格式化主要在"开始"选项卡"段落"组中操作，如图 3.4 所示。

图 3.3　"开始"选项卡"字体"组

图 3.4　"开始"选项卡"段落"组

单击"段落"组中右下角的"对话框启动器"，或用鼠标右键单击所选定的段落，在快捷菜单中选择"段落"命令，可打开"段落"对话框"段落和间距"选项卡，在这里可设置段落缩进、间距等。

要设置字体格式、段落格式，还可以直接使用"开始"选项卡"样式"组中的样式，如图3.5所示。用户也可以自定义样式来使用。

3. 文档页面设置

在 Word 文档中，默认纸张大小为"A4"，上、下页边距均为 2.54 厘米、左、右页边距均为 3.17 厘米。要改变文档页面设置，可在"页面布局"选项卡的"页面设置"组中进行，如图 3.6 所示。在这里，可以选择纸张大小、方向、页边距等。

图 3.5　"开始"选项卡"样式"组

图 3.6　"页面布局"选项卡"页面设置"组

单击"页面设置"组右下角的"对话框启动器"，打开"页面设置"对话框。在"页边距"选项卡中设置页边距、纸张方向、页码范围等；在"纸张"选项卡中选择纸张大小和来源；在"版式"选项卡中设置节、页眉页脚和页面垂直对齐方式等。

4. 文档背景设置

文档背景设置在"页面布局"选项卡"页面背景"组中进行，如图 3.7 所示。

图 3.7　"页面布局"选项卡
"页面背景"组

在"页面背景"组中单击"水印"按钮,可以在列表中选择一种水印,或自定义一种水印;单击"页面颜色"可以选择一种文档背景颜色,并设置填充效果;单击"页面边框"按钮,打开"边框和底纹"对话框"页面边框"选项卡,可为页面设置边框。

5.文档分栏

要将文字拆分成两栏或多栏,只需在"页面布局"选项卡"页面设置"组中,单击"分栏"按钮,再在列表中选择分栏即可,如图 3.8(a)所示。用鼠标单击列表框底部的"更多分栏"选项打开"分栏"对话框,如图 3.8(b)所示,在此能精确设置栏宽、栏距,还可以添加分隔线。

（a）

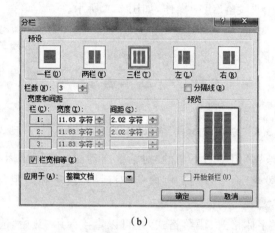
（b）

图 3.8 文档分栏

3.1.5 文档中表格的处理

1.表格的创建、修改

1)表格的创建

创建表格的方法如下。

（1）单击"插入"选项卡"表格"组中的"表格",在"插入表格"对话框中拖动鼠标,当行数、列数满足要求时,单击鼠标,在文档中插入一个空表格。

图 3.9 "插入表格"对话框

（2）单击"插入"选项卡"表格"组中的"表格",再单击"插入表格"命令,打开"插入表格"对话框,如图 3.9 所示,在"表格尺寸"栏选择列数和行数,单击"确定"按钮,将表格插入到文档中。

（3）单击"插入"选项卡"表格"组中的"表格",再单击"绘制表格"命令,鼠标变成铅笔形状 🖊,在文档中拖曳鼠标就可绘制任意大小的表格。

（4）Word 还可以将文本转换成表格。选定要转换为表格的文本,单击"插入"选项卡"表格"组中的"表格",再单击"文本转换成表格"命令,在打开的"将文本转换成表格"对话框中进行设置后,单击"确定"

按钮。

2）表格的修改

选中要修改的表格，出现"表格工具"选项卡，在如图 3.10 所示的"布局"子选项卡中可以根据需要进行插入行（列）或删除行（列）、拆分（合并）单元格、拆分表格、调整单元格大小等修改操作。

图 3.10　"表格工具"选项卡"布局"子选项卡

2. 表格的修饰

1）应用表格样式

在表格内单击，单击"表格工具"选项卡"设计"子选项卡，在如图 3.11 所示的"表格样式"组中选择一种内置的样式或者自己创建一种表格样式，即可将其自动应用于表格上。

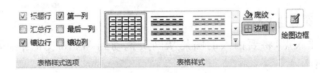

图 3.11　"表格工具"选项卡"设计"子选项卡

2）设置边框和底纹

选定表格或将光标置于要设置边框和底纹的单元格，在"设计"子选项卡"表格样式"组中单击"边框"右侧的下拉按钮，在下拉菜单底部选择"边框和底纹"；或者用鼠标右键在表格中单击，在快捷菜单中选择"边框和底纹"，打开"边框和底纹"对话框，在其中就可以进行相应的设置。

3）设置单元格对齐方式

选定表格或将光标置于要设置文本对齐方式的单元格，在"布局"子选项卡"对齐方式"组中选择即可。

3. 表格中数据的输入与编辑

在表格中输入数据、设置数据格式与输入文本、设置文本格式方法相同，这里不赘述。

4. 数据的排序和计算

1）在表格中排序

选择要排序的列或在表格中单击。单击"表格工具"选项卡"布局"子选项卡"数据"组中的"排序"，或者单击"开始"选项卡"段落"组中的"排序"按钮，打开"排序"对话框。按对话框提示，安排排序的优先次序和排序方式。单击"确定"按钮，完成排序。

2）在表格中计算

Word 提供了在表格中进行加、减、乘、除及求平均值等数值计算功能，可对选定范围内或附近一行（或一列）的单元格计算。

其方法是：将插入点定位于要接收计算结果的单元格中。单击"表格工具"选项卡"布

局"子选项卡"数据"组中的"fx 公式"按钮 $\boxed{fx}$，打开"公式"对话框。在"公式"框内输入等号
"＝"(默认打开该对话框时就存在)，在"编号格式"框内选择计算结果的格式，在"粘贴函数"
框内根据要求计算合适的函数，单击"确定"按钮。

3.1.6　文档中图形的处理

1. 图形和图片的插入

1) 插入来自文件的图片

在文档中选定插入点。在"插入"选项卡"插图"组中单击"图片"命令，显示"插入图片"
对话框。找到所需的图片文件，单击"插入"按钮。

2) 插入剪贴画

在文档中选定插入点。单击"插入"选项卡"插图"组中的"剪贴画"，显示"剪贴画"任务
窗格，在"搜索文字"框中输入剪贴画文件的全部或部分文件名，或输入搜索关键字。在显示
搜索结果列表中，用鼠标指向要插入的图片，直接单击图片或单击其右侧的下拉箭头后，选
择"插入"。

3) 插入来自网页的图片

在文档中选定插入点，将要插入的图片从网页拖动到 Word 文档中，或将网络中的图片
复制后，粘贴到文档中。

4) 插入屏幕截图

在"插入"选项卡"插图"组中单击"屏幕截图"按钮，打开"可用视窗"列表。列表中显示
的是用户打开的所有窗口缩略图。在列表中单击需插入到文档的窗口缩略图。

5) 插入 SmartArt 图形

在"插入"选项卡"插图"组中单击"SmartArt"按钮，可在文档中插入 SmartArt 图形。

2. 图形的建立和编辑

1) 图形的建立

在"插入"选项卡"插图"组中单击"形状"按钮，在下拉列表中根据需要可以选择线条、基
本形状、椭圆、箭头、旗帜、星形等多种形状。当用鼠标选中某一形状后，鼠标指针变为黑十
字形 $\boxed{+}$，拖动鼠标即可绘制该图形。

若要绘制一组图形，则先在"形状"下拉列表底部单击"新建绘图画布"，在文档中插入一
画布后，再在画布中绘制图形。

2) 图形的编辑

选中要编辑的图形，出现"绘图工具"选项卡"格式"子选项卡，如图 3.12 所示。在"形状
样式"组中可以选择一种内置主题样式，单击右下角的"对话框启动器"打开"设置形状格式"

图 3.12　"绘图工具"选项卡"格式"子选项卡

对话框，在此可设置图形的各种效果。在"排列"组可设置图形的叠放次序、在文档中的位置、图形对齐与组合等。在"文本"组可设置图形中的文本对齐方式等。

3. 文本框、艺术字的使用和编辑

1) 文本框的使用和编辑

在"插入"选项卡"文本"组（见图 3.13）中单击"文本框"按钮，可以在下拉列表中选择一种内置的文本框或 Office.com 上的文本框，或单击"绘制文本框"命令自己绘制文本框。编辑文本框的方法与编辑图形相同。

图 3.13 "插入"选项卡"文本"组

2) 艺术字的使用和编辑

在"插入"选项卡"文本"组（见图 3.13）中单击"艺术字"按钮，打开艺术字样式列表，在列表中选择一种样式单击，即在文档插入"请在此放置您的文字"文本框，在其中输入文字即可。编辑艺术字的方法与编辑图形相同。

3.1.7 文档的保护和打印

1. 文档的保护

依次单击"文件"选项卡、"信息"选项、"保护文档"按钮，在如图 3.14 所示的下拉列表中选择一种保护措施（如"用密码进行加密"），就会打开相应的对话框（见图 3.15）或任务窗格，在其中按要求设置即可。

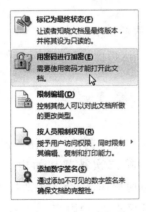

图 3.14 "保护文档"按钮

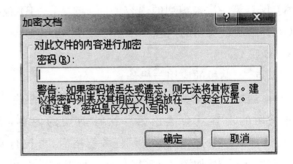

图 3.15 "加密文档"对话框

2. 文档的打印

打印文档的操作步骤如下。

（1）单击"文件"选项卡，然后单击"打印"。

（2）在"打印"下的"份数"框中，输入要打印的份数。在"打印机"下，确保选择了所需的

打印机。在"设置"下,为用户选择打印机的默认打印设置(若要更改设置,则单击希望更改的设置,然后选择所需设置)。

(3) 对设置感到满意后,单击"打印"按钮。

3.2 案 例 分 析

例 3.1 快速访问工具栏在什么位置?应该什么时候使用它?

答:它位于屏幕左上角,应该在访问常用命令时使用它。

知识点:快速访问工具栏及其个性化设置。

分析:快速访问工具栏是带有"保存""撤消"和"重复"按钮的小尺寸的工具栏。用户可以添加常用命令,具体方法是:单击该工具栏右侧的"更多"箭头,或右键单击某命令并选择"添加到快速访问工具栏"。

例 3.2 在 Word 的编辑状态下,关于拆分单元格,正确的说法是_____。

A) 只能将表格拆分为左、右两部分　　　　B) 可以自己设置拆分的行数、列数

C) 只能将表格拆分为上、下两部分　　　　D) 只能将表格拆分为列

答:B。

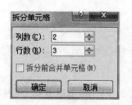

图 3.16 "拆分单元格"
对话框

知识点:表格拆分、单元格拆分。

分析:拆分单元格的操作步骤是:单击要拆分的单元格;在"表格工具"选项卡"布局"子选项卡"合并"组中单击"拆分单元格"按钮,打开"拆分单元格"对话框,如图 3.16 所示;用鼠标右键单击要拆分的单元格,在快捷菜单中选择"拆分单元格"命令,也会打开该对话框;在"列数"框输入拟拆分的列数,在"行数"框输入拟拆分的行数;单击"确定"按钮。因此,B"可以自己设置拆分的行数、列数"是正确的。

例 3.3 在 Word 的编辑状态下,执行两次剪切操作,则剪贴板中_____。

A) 仅有第一次被剪切的内容　　　　B) 仅有第二次被剪切的内容

C) 有两次被剪切的内容　　　　D) 无内容

答:B 或 C。

知识点:剪贴板的应用与操作。

分析:这与 Office 剪贴板的设置有关。默认情况下,如果未打开"剪贴板"任务窗格,第二次被剪切的内容就会覆盖第一次被剪切的内容,而只有第二次被剪切的内容,如图 3.17(a)所示。如果打开"剪贴板"任务窗格后,再执行两次剪切操作,就会发现两次剪切的内容都在剪贴板中,如图 3.17(b)所示。Office 剪贴板最多可存放 24 项内容。

用户可以就上述两种情况,通过单击"开始"选项卡"剪贴板"组右下角的"对话框启动器",打开"剪贴板"任务窗格查看。

如果单击"剪贴板"任务窗格左下角的"选项"按钮,在弹出的菜单中选择"收集而不显示Office 剪贴板"(见图 3.17(c)),那么无论是否打开"剪贴板"任务窗格,每次被剪切的内容都会存放在剪贴板中,直到存满 24 项内容。

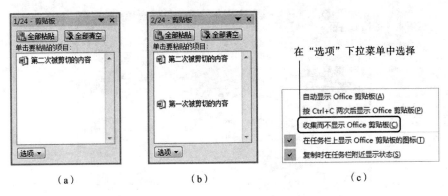

图 3.17 "剪贴板"任务窗格及选项

例 3.4 将文件 D:\ABC\JSJ.docx 插入到文档 E:\TZW1\JSJZD.docx 的结尾。

答:操作步骤如下。

(1) 打开"JSJZD.docx"文档,将插入点移到文档的结尾。

(2) 在"插入"选项卡"文本"组(见图 3.13)中单击"对象"右侧的下拉箭头,选择"文件中的文字"命令,打开"插入文件"窗口。

(3) 在"导航"窗格找到 D 盘的 ABC 文件夹,在"内容"窗格选中"JSJ.docx"文件或在"文件名"框中输入"JSJ"。

(4) 单击"插入"按钮。

本问题的关键在第(2)、(3)步。如果要插入的文件是旧版本的 Word 文档(.doc 格式),则可直接进行插入操作;如果要插入的文件不是 Word 文档,那么 Word 要求用户确认是否转换格式。

知识点:用插入文件中的文字的方法可将某文档插入到另一文档中的任意位置,方便实现文档的连接。

例 3.5 对表 3.1 所示的表格内容依据年龄按升序、入学成绩按降序排序。

表 3.1 学生情况表

学　号	姓　名	年龄/岁	入学成绩/分
2013180101	于鸿燕	20	521
2013180102	张大伟	18	496
2013180103	李晓	20	502
2013180104	陈波涛	19	513

答:操作步骤如下。

(1) 选中整个表格或在任一单元格中单击。

(2) 在"表格工具"选项卡"布局"子选项卡"数据"中单击"排序"按钮,打开"排序"对话框,如图 3.18 所示。在"开始"选项卡"段落"中单击"排序"按钮，也可打开该对话框。

(3) 如有必要,在"列表"栏下,选中列表的"有标题行"单选钮。单击"主要关键字"框右侧的下拉箭头,选择"年龄/岁",在"类型"框中选择"数字",并按要求选中"升序"单选钮。在"次要关键字"框中选择"入学成绩/分",在"类型"框中选择"数字",并按要求选中"降序"单

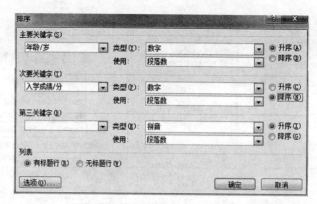

图 3.18 "排序"对话框

选钮。

(4) 单击"确定"按钮,完成排序。

本例中,在第(1)步,若只选中标题行以下 4 行,则"排序"对话框中的主、次要关键字框中仅显示"列 1、列 2、列 3、列 4"列表,在"列表"栏下自动选中"无标题行",其排序依据为列号。本例中分别为"列 3"(与"年龄/岁"对应)、"列 4"(与"入学成绩/分"对应)。

知识点:表格排序。

例 3.6 画出如图 3.19(a)所示的图片,将图 3.19(a)左转 90°、水平翻转,分别得到图 3.19(b)、(c)。

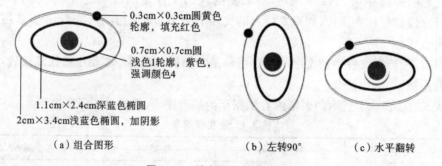

(a) 组合图形	(b) 左转90°	(c) 水平翻转

图 3.19 绘制图形练习示例图

答:本例图 3.19(a)由 4 个图形组成,细节见图示标注。操作步骤如下。

(1) 在"插入"选项卡"插图"组单击"形状"按钮,在"基本形状"列表中选择"椭圆"形状,在画布中拖曳鼠标画出 2 个椭圆、2 个圆,按图 3.19(a)所示调整图形大小("绘图工具"选项卡"格式"子选项卡"大小"组)和位置。

(2) 选中图 3.19(a)中间的大圆,在"绘图工具"选项卡"格式"子选项卡"形状样式"组中,单击形状样式库上的"其他"按钮,在列表中选择"浅色 1 轮廓,彩色填充-紫色,强调颜色 4"样式。

选中图 3.19(a)外侧的小圆,在"形状样式"组中,单击"形状轮廓"按钮,弹出下拉主题颜色列表,单击选择黄色;单击"形状填充"按钮,在主题颜色列表中选择红色。

选中图 3.19(a)中的大椭圆,单击"形状轮廓"按钮,选择"无填充颜色";单击"形状填充"按钮,选择"蓝色,强调文字颜色 1,淡色 40%";单击"形状效果"按钮,指向"阴影",单击选中"右下斜偏移"效果。同样的方法设置小椭圆。

（3）选中任意的一个圆或椭圆，再按住"Shift"键不放，逐个选中其他的圆或椭圆。或在空白处单击并按住鼠标左键拖出一个框，框住这 4 个图形，也可以将其全部选中。

（4）在"绘图工具"选项卡"格式"子选项卡"排列"组中，单击"组合"按钮，选择"组合"命令。2 个圆和 2 个椭圆成为一个整体的图形。

（5）选中该组合图形，并复制 2 个副本图形。选中其中一个，在"排列"组中单击"旋转"按钮，选择"向左旋转 90°"命令，图形左转 90°，得到图 3.19(b)所示图形。

（6）选中另一个副本图形，在"排列"组中单击"旋转"按钮，选择"水平翻转"命令，图形水平翻转，得到图 3.19(c)所示图形。

用户将图形旋转任意角度。如图 3.20 所示，选中图形后，会出现一个旋转手柄（绿色的小圆圈），用鼠标光标指向它，鼠标指针变成黑色圆圈状箭头，按鼠标左键指针变成 4 黑色箭头组成的圆圈状，然后拖曳鼠标进行旋转，可得到自由旋转图形。

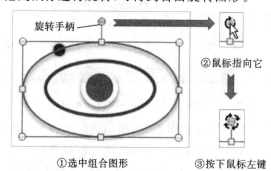

图 3.20　自由旋转图形的操作步骤示例

若要取消原来的组合，则先选中这个组合图形，再在"排列"组中单击"组合"按钮，选择"取消组合"命令。

知识点：绘制图形、形状效果设置、形状大小设置、图形组合、图形旋转等。

例 3.7　输入如图 3.21 所示的文字，并以"Office 2010 产品介绍"为文件名保存，且将其编辑成如图 3.22 所示的图文混排文档（文中的图片可用"画图"工具事先制作）。

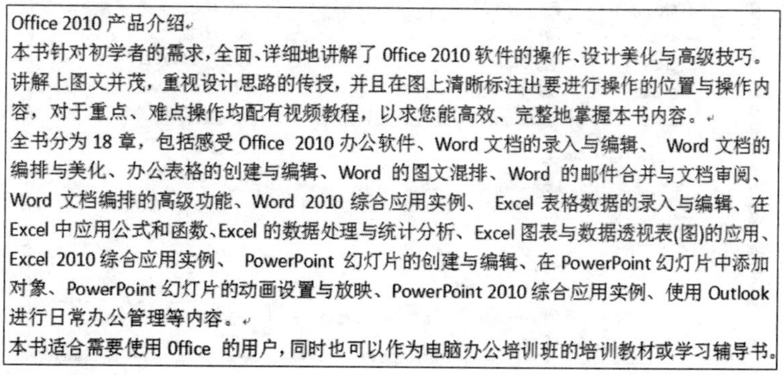

> Office 2010 产品介绍
>
> 本书针对初学者的需求，全面、详细地讲解了 Office 2010 软件的操作、设计美化与高级技巧。讲解上图文并茂，重视设计思路的传授，并且在图上清晰标注出要进行操作的位置与操作内容，对于重点、难点操作均配有视频教程，以求您能高效、完整地掌握本书内容。
>
> 全书分为 18 章，包括感受 Office 2010 办公软件、Word 文档的录入与编辑、 Word 文档的编排与美化、办公表格的创建与编辑、Word 的图文混排、Word 的邮件合并与文档审阅、Word 文档编排的高级功能、Word 2010 综合应用实例、 Excel 表格数据的录入与编辑、在 Excel 中应用公式和函数、Excel 的数据处理与统计分析、Excel 图表与数据透视表(图)的应用、Excel 2010 综合应用实例、 PowerPoint 幻灯片的创建与编辑、在 PowerPoint 幻灯片中添加对象、PowerPoint 幻灯片的动画设置与放映、PowerPoint 2010 综合应用实例、使用 Outlook 进行日常办公管理等内容。
>
> 本书适合需要使用 Office 的用户，同时也可以作为电脑办公培训班的培训教材或学习辅导书。

图 3.21　待输入、编辑的文本

答：具体操作步骤如下。

（1）启动 Word，输入如图 3.21 所示的文本。

图 3.22　编辑后的"Office 2010 产品介绍"文档

(2) 单击"快速访问工具栏"中的"保存"按钮,打开"另存为"窗口,如图 3.23 所示。单击"文件"选项卡,再单击"保存"或"另存为"选项,也可以打开该窗口。在"导航"窗格选择保存位置,在"文件名"框输入"Office 2010 产品介绍",在"保存类型"栏下拉列表中选择"Word文档",单击"保存"按钮。

图 3.23　"另存为"窗口

(3) 选中标题文本"Office 2010 产品介绍",在"开始"选项卡"字体"组中单击"字号"右侧下拉箭头,选择"四号";在"开始"选项卡"段落"组中单击"居中"按钮。

　　选中全部正文文字,用鼠标指向"标尺"上的"首行缩进"并按下左键,向右拖动2个字符,使首行缩进2个字符。或者,在"开始"选项卡"段落"组中单击右下角的"对话框启动器",打开"段落"对话框,如图3.24所示。在"特殊格式"中选择"首行缩进",在"磅值"栏单击微调按钮,使之为"2字符",或直接输入"2"。最后,单击"确定"按钮。

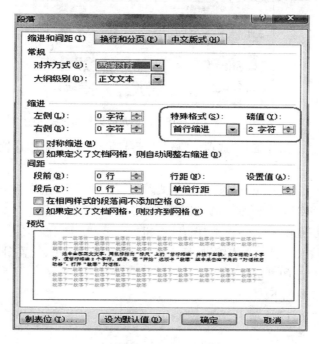

图 3.24　"段落"对话框

　　(4)在"插入"选项卡"插图"组中单击"图片"按钮,打开"插入图片"窗口,如图3.25所示。在"导航"窗格选中存放图片的文件夹,在"内容"窗格单击要插入的图片,单击"插入"按钮,图片插入到文档中。

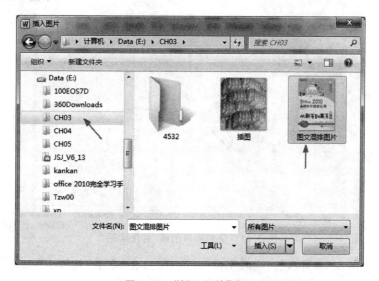

图 3.25　"插入图片"窗口

按上述方法插入到文档中的图片,对图片更新后,原文档中的图片保持不变。若单击"插入"按钮右侧的下拉箭头,在如图 3.26 所示的列表中选择"链接到文件"命令,则当图片更新时,文档中的图片会随之更新。

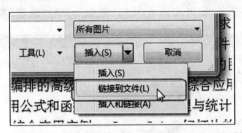

图 3.26　使文档的图片随图片的更新而更新

(5) 选中图片,在"图片工具"选项卡"格式"子选项卡"大小"组中设置图片大小,高度为 11.12 厘米,宽度为 7.97 厘米。

(6) 选中图片,在"图片工具"选项卡"格式"子选项卡"排列"组中单击"自动换行"按钮,在下拉列表中选择"四周型环绕"。移动图片到图 3.22 所示的位置。

(7) 在"快速访问工具栏"中单击"保存"按钮。

知识点:文本输入、字号、文本缩进、插入图片、设置图片大小、设置图片位置等。

例 3.8　创建自己的书法字帖。

答:具体操作步骤如下。

(1) 依次单击"文件"选项卡、"新建"选项,在"主页"栏下单击"书法字帖",再单击"创建"按钮,如图 3.27 所示。

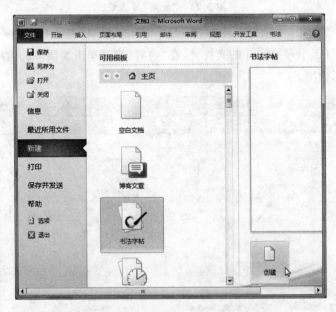

图 3.27　使用模板创建"书法字帖"

(2) 打开如图 3.28 所示的"增减字符"对话框(或在"书法"选项卡"书法"组中单击"增减字符"按钮),在"字体"栏下选择"书法字体"单选钮,在列表框中选择一种字体。在"字符"栏"可用字符"列表中选择要练习的字,单击"添加"按钮。

图 3.28　"增减字符"对话框

（3）单击"关闭"按钮，字帖就制作完成了，如图 3.29 所示。

知识点：模板的使用。

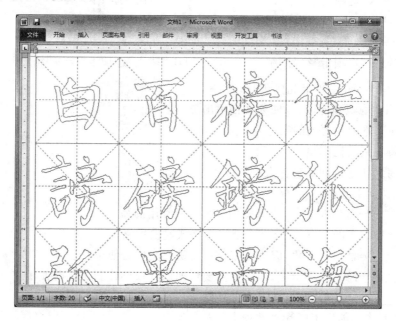

图 3.29　柳体字帖

3.3　强 化 训 练

一、选择题

1. 功能区的三个主要部分是_____。

　　A) 选项卡、组和命令　　　　　　　　B) "文件"选项卡、选项卡和访问键

　　C) 菜单、工具栏和命令　　　　　　　D) 不确定

2. Word 具有的功能是_____。

　　A) 表格处理　　　B) 绘制图形　　　C) 自动更正　　　D) 以上三项都是

3. 下列选项不属于 Word 窗口组成部分的是_____。

　　A) 功能区　　　　B) 对话框　　　　C) 编辑区　　　　D) 状态栏

4. _____是键盘快捷方式的两种基本类型。

　　A) 导航键和按键提示

　　B) 快捷键和按键提示

　　C) 用于启动命令的组合键以及用于在屏幕上的项目之间导航的访问键

　　D) 启动命令的组合键以及按键提示

5. 在 Word 编辑状态下,绘制一文本框,应使用的选项卡是_____。

　　A) 开始　　　　　B) 插入　　　　　C) 页面布局　　　D) 绘图工具

6. 在 Word 编辑状态下,若要进行字体效果的设置(如上、下标等),首先应单击_____。

　　A) "开始"选项卡　　　　　　　　　　B) "视图"选项卡

　　C) "插入"选项卡　　　　　　　　　　D) "引用"选项卡

7. 通过使用_____,可以应用项目符号列表。

　　A) "页面布局"选项卡"段落"组　　　B) "开始"选项卡"段落"组

　　C) "插入"选项卡"符号"组　　　　　D) "插入"选项卡"文本"组

8. 如果在 Word 中单击此按钮 ,会_____。

　　A) 临时隐藏功能区,以便为文档留出更多空间

　　B) 对文本应用更大的字号

　　C) 将看到其他选项

　　D) 将向快速访问工具栏上添加一个命令

9. 快速访问工具栏_____。

　　A) 位于屏幕的左上角,应该使用它来访问常用的命令

　　B) 浮在文本的上方,应该在需要更改格式时使用它

　　C) 位于屏幕的左上角,应该在需要快速访问文档时使用它

　　D) 位于"开始"选项卡上,应该在需要快速启动或创建新文档时使用它

10. 在_____情况下,会出现浮动工具栏。

　　A) 双击功能区上的活动选项卡

　　B) 选择文本

　　C) 选择文本,然后指向该文本

　　D) 以上说法都正确

11. 在 Word 编辑状态下,若只想复制选定文字的内容而不需要复制选定文字的格式,则应_____。

　　A) 直接单击"开始"选项卡"剪贴板"组中的"粘贴"

　　B) 单击"开始"选项卡"剪贴板"组中的"粘贴"下拉按钮,选择"选择性粘贴"

C) 在指定位置按鼠标右键,然后在快捷菜单中选择"粘贴"命令

D) 以上方法都不对

12. 更改拼写错误的步骤是_____。

A) 双击,然后选择菜单上的某个选项

B) 右键单击,然后选择菜单上的某个选项

C) 单击,然后选择菜单上的某个选项

D) 选中,手工更改

13. 在_____情况下,功能区上会出现新选项卡。

A) 单击"插入"选项卡上的"显示图片工具"命令

B) 选择一张图片

C) 右键单击一张图片并选择"图片工具"

D) 第一个或第三个选项

14. 在 Word 中无法实现的操作是_____。

A) 在页眉中插入剪贴画　　　　B) 建立奇偶页内容不同的页眉

C) 在页眉中插入分隔符　　　　D) 在页眉中插入日期

15. 关于图文混排,以下叙述中错误的是_____。

A) 可以在文档中插入剪贴画　　B) 可以在文档中插入图形

C) 可以在文档中使用文本框　　D) 可以在文档中使用配色方案

16. 在 Word 编辑状态下,对于选定的文字_____。

A) 可以移动,不可以复制　　　B) 可以复制,不可以移动

C) 可以进行移动或复制　　　　D) 可以同时进行移动和复制

17. 在 Word 编辑状态下,若光标位于表格外右侧的行尾处,按"Enter"(回车)键,结果为_____。

A) 光标移到下一列　　　　　　B) 光标移到下一行,表格行数不变

C) 插入一行,表格行数改变　　D) 在本单元格内换行,表格行数不变

18. 显示比例缩放控件的按钮在窗口的_____。

A) 右上角　　　B) 左上角　　　C) 左下角　　　D) 右下角

19. 在 Word 的编辑状态下,项目编号的作用是_____。

A) 为每个标题编号　　　　　　B) 为每个自然段编号

C) 为每行编号　　　　　　　　D) 以上都正确

20. 模板与文档的显著差别是_____。

A) 模板包含样式

B) 模板包含 Word 主题

C) 模板包含语言设置

D) 模板可以将其自身的副本作为新文档打开

21. 当要将"日期选取器"控件或"格式文本"控件包括在模板中时,应使用_____选项卡。

A) 插入　　　B) 视图　　　　C) 开始　　　　D) 开发工具

22. 在 Word 编辑状态下,若要进行选定文本行间距的设置,应选择的操作是_____。

A) 单击"开始"选项卡"段落"组"行距"按钮

B) 单击"开始"选项卡"段落"

C) 单击"开始"选项卡"字体"

D) 单击"页面布局"选项卡"段落"

23. 要向页面或文字添加边框或底纹,从_____功能区开始。

A) "绘图工具"选项卡"格式"子选项卡 B) "插入"选项卡

C) "页面布局"选项卡 D) "开始"选项卡

24. 文档中有一个圆形需要应用渐变填充。第一步是_____。

A) 单击"插入"选项卡 B) 选择圆

C) 单击"绘图工具" D) 单击"形状填充"按钮

25. 当要更改文档的整个外观时,该应用_____。

A) 页面边框 B) 段落底纹 C) 主题 D) 样式

26. 一般使用_____来访问字体选项。

A) 在"开始"选项卡"字体"组中单击"对话框启动器"以打开"字体"对话框

B) 选择并右键单击文字。然后单击快捷菜单上的"字体"以打开"字体"对话框

C) 选择要更改的文字,并观察显示的浮动工具栏。指向它,单击所需的任何内容

D) 以上都用

27. 如果要更改刚才应用的艺术字中的字体,那么应当从_____开始。

A) 在"引用"选项卡上单击"添加文字"

B) 在"插入"选项卡上单击"艺术字"

C) 突出显示艺术字文字,然后在"字体"对话框中选择一个不同的字体

D) 单击以选择艺术字文字(使其具有虚线边框),然后单击"绘图工具"选项卡"格式"子选项卡

28. 关闭"修订"的作用是_____。

A) 删除修订和批注 B) 隐藏现有的修订和批注

C) 停止标记修订 D) 停止批注修订

29. 关于 Word 中的多文档窗口操作,以下叙述中错误的是_____。

A) Word 的文档窗口可以拆分为两个文档窗口

B) 多个文档编辑工作结束后,只能一个一个地存盘或关闭文档窗口

C) Word 允许同时打开多个文档进行编辑,每个文档有一个文档窗口

D) 多文档窗口间的内容可以进行剪切、粘贴和复制等操作

30. 在 Word 的编辑状态下,关于拆分表格,正确的说法是_____。

A) 只能将表格拆分为左、右两部分 B) 可以自己设置拆分的行、列数

C) 只能将表格拆分为上、下两部分 D) 只能将表格拆分为列

31. Word 2010 文档的后缀默认是_____。

A) . doc B) . dot C) . docx D) . txt

32. 在 Word 中,当前输入的文字被显示在_____。

A) 文档的尾部 B) 鼠标指针位置 C) 插入点位置 D) 当前行的行尾

33. 在 Word 中,关于插入表格命令,下列说法中错误的是_____。

A）只能是 2 行 3 列 　　　　　B）可以自动套用格式

C）可调整行高、列宽 　　　　　D）行、列数可调

34. 在 Word 2010 中,可以显示页眉与页脚的视图模式是_____。

A）草稿 　　　B）大纲 　　　C）页面 　　　D）全屏幕显示

35. 在 Word 中只能显示水平标尺的是_____。

A）Web 版式视图 B）页面视图 　　　C）大纲视图 　　　D）打印预览

36. 在 Word 的编辑状态下,打开文档 ABC,修改后另存为 ABD,则文档 ABC_____。

A）被文档 ABD 覆盖 　　　　　B）被修改未关闭

C）被修改并关闭 　　　　　D）未修改被关闭

37. 在 Word 的编辑状态下,按钮 ▣ 的含义是_____。

A）打开文档 　　　B）保存文档 　　　C）创建新文档 　　　D）打印文档

38. 在 Word 的编辑状态下,使插入点快速移动到文档末尾的操作是按_____键。

A）PageUp 　　　B）Alt＋End 　　　C）Ctrl＋End 　　　D）PageDown

39. 在 Word 的编辑状态下,要将一个已经编辑好的文档保存到当前文件夹外的另一指定文件中,正确的操作方法是_____。

A）单击"文件"选项卡,选择"保存"命令

B）单击"文件"选项卡,选择"另存为"命令

C）单击"文件"选项卡,选择"退出"命令

D）单击"文件"选项卡,选择"关闭"命令

40. 在 Word 中,不能改变叠放次序的对象是_____。

A）图片 　　　B）图形 　　　C）文本 　　　D）文本框

41. 在 Word 的编辑状态下,将剪贴板上的内容粘贴到当前光标处,使用的快捷键是_____。

A）Ctrl＋X 　　　B）Ctrl＋V 　　　C）Ctrl＋C 　　　D）Ctrl＋A

42. 在 Word 的编辑状态下,选择整个表格,然后单击"表格工具"选项卡"布局"子选项卡中的"删除"按钮下方的下拉按钮,在弹出的下拉菜单中选择"删除行"命令,将_____。

A）整个表格被删除 　　　　　B）表格中一行被删除

C）表格中一列被删除 　　　　　D）表格中没有内容被删除

43. 在 Word 的编辑状态下,"视图"选项卡下"窗口"组中的"全部重排"按钮的作用是将所有打开的文档窗口_____。

A）顺序编码 　　　　　B）层层嵌套

C）堆叠显示 　　　　　D）根据实际情况并排排列,充满整个屏幕

44. 在 Word 的编辑状态下,Office 剪贴板未显示,执行两次剪切操作,则剪贴板中_____。

A）仅有第一次被剪切的内容 　　　　　B）仅有第二次被剪切的内容

C）有两次被剪切的内容 　　　　　D）无内容

45. 在 Word 的编辑状态下,打开一个文档并修改其内容,然后执行关闭操作,则_____。

A) 文档被关闭,并自动保存修改后的内容

B) 文档不能关闭,并提示出错

C) 文档被关闭,修改后的内容不能保存

D) 弹出对话框,询问是否保存对文档的修改

46. 在 Word 的编辑状态下,选择文档全文后,如要通过"段落"对话框设置行距 20 磅的格式,应在"行距"下拉列表框中选择_____。

A) 单倍行距   B) 1.5 倍行距   C) 固定值   D) 多倍行距

47. 在 Word 的编辑状态下,若要对当前文档中的文字进行字数统计操作,可通过_____来完成。

A) "开始"选项卡   B) "文件"选项卡

C) "审阅"选项卡   D) "引用"选项卡

48. 在 Word 的编辑状态下,先后打开了 w1.doc 文档和 w2.doc 文档,则_____。

A) 两个文档窗口都显示出来   B) 只能显示 w2.doc 文档窗口

C) 只能显示 w1.doc 文档窗口   D) 打开 w2.doc 后两个窗口自动并列显示

49. 在 Word 的默认状态下,有时会在某些英文下方出现红色的波浪线,这表示_____。

A) 语法错误   B) Word 字典中没有单词

C) 该文字本身自带下划线   D) 该处有附注

50. 在 Word 的编辑状态下,选择当前文档中的一个段落,然后执行删除操作,则_____。

A) 该段落被删除且不能恢复

B) 该段落被删除,但能恢复

C) 能利用"回收站"来恢复被删除的该段落

D) 该段落被移到"回收站"内

51. 在 Word 的编辑状态下,在同一篇文档内用拖动法复制文本时应该_____。

A) 同时按住"Ctrl"键   B) 同时按住"Shift"键

C) 按住"Alt"键   D) 直接拖动

52. 在 Word 的编辑状态下,要设置精确的缩进,应当使用_____。

A) 标尺   B) 样式   C) 段落格式   D) 页面设置

53. 在 Word 的编辑状态下,可以显示页面四角的视图模式是_____。

A) 阅读版式视图 B) 页面视图   C) 大纲视图   D) 各种视图

54. 在 Word 的编辑状态下,按钮 ▤ 的含义是_____。

A) 左对齐   B) 右对齐   C) 居中对齐   D) 分散对齐

55. 在 Word 的编辑状态下,若要在文档每一页的底端插入注释,应该插入_____注释。

A) 脚注   B) 尾注   C) 题注   D) 批注

56. 下面有关 Word 表格功能的说法不正确的是_____。

A) 可以通过表格工具将表格转换成文本

B) 表格的单元格中可以插入表格

C) 表格中可以插入图片

　　　　D) 不能设置表格的边框线

57. 在 word 中,可以通过_____功能区中的"翻译"对文档内容翻译成其他语言。
　　　　A) 开始　　　　　　B) 页面布局　　　　　C) 审阅　　　　　　D) 引用

58. 给每位家长发送一份《期末成绩通知单》,用_____命令最简便。
　　　　A) 复制　　　　　　B) 信封　　　　　　C) 标签　　　　　　D) 邮件合并

59. 在 Word 中,可以通过_____功能区对不同版本的文档进行比较和合并。
　　　　A) 页面布局　　　　B) 引用　　　　　　C) 审阅　　　　　　D) 视图

60. 在 Word 中,可以通过_____功能区对所选内容添加批注。
　　　　A) 审阅　　　　　　B) 页面布局　　　　C) 引用　　　　　　D) 插入

二、填空题

1. 在 Word 编辑状态下,"开始"选项卡"字体"组中的按钮 Ａ 代表的功能是_____。

2. 文档文件和模板文件之间的一个差异会体现在文件名的扩展名(句点之后的字母)中。模板文件的文件扩展名是_____。

3. Word 是办公软件_____中的一个组件。

4. 在 Word 中选择打印选项的方法是_____。

5. 在 Word 的默认状态下,有时会在某些英文文字下方出现绿色的波浪线,这表示_____。

6. 在 Word 中,双击底部状态栏中的"插入"按钮,将使文档处于_____编辑状态。

7. 在 Word 中,选定文本后,会显示出_____,可以对字体进行快速设置。

8. 在 Word 文档的录入过程中,如果出现了错误操作,可单击快速访问工具栏中的_____按钮取消本次操作。

9. 段落的缩进方式主要包括_____、左缩进、右缩进和_____等。

10. 在 Word 中,选定要移动的文本,然后按快捷键_____,将选定文本剪切到剪切板上;再将插入点移到目标位置上,按快捷键_____粘贴文本,即可实现文本的移动。

11. 在 Word 中,用户可以同时打开多个文档窗口。当多个文档同时打开后,在同一时刻有_____个活动文档。

12. 在 Word 编辑状态下,改变段落的缩进方式、调整左右边界等最直观、快速的方法是利用_____。

13. 若想执行强行分页,则需执行"_____"选项卡"_____"组中的"_____"命令。

14. 在 Word 编辑状态下,格式刷可以复制_____。

15. 当命令呈现灰色状态时,表示这些命令当前_____。

16. 在 Word 的编辑状态下,可以显示水平标尺的两种视图模式分别是_____和_____。

17. 打开文档的快捷键是_____。

18. 文字的格式主要指文字的_____、_____、字形和颜色。

19. Word 提供了多种视图模式,分别是_____、_____、_____、_____、_____。

20. 在 Word 中,给图片或图像插入题注是选择_____功能区中的命令。

21. 在"插入"选项卡"符号"组中,可以插入_____、_____和_____等。

22. 在 Word 中的邮件合并,除需要主文档外,还需要已制作好的_____支持。

23. 在 Word 中插入了表格后,会出现"_____"选项卡,对表格进行"_____"和"_____"的操作设置。

24. 在 Word 中,进行各种文本、图形、公式、批注等搜索可以通过_____来实现。

25. 在 Word 的"开始"选项卡"_____"组中,可以将设置好的文本格式进行"将所选内容保存为新快速样式"的操作。

三、操作题

1. 改变 Office 界面的颜色。

2. 去除屏幕提示信息。

3. 关闭实时预览效果。

4. 让 Word 开机后自动运行。

5. 让 Word 2003 打开 Word 2010 文档,加密已有的 Word 文档。

6. 将指定功能添加到快速访问工具栏。

7. 修改文档保存的默认路径。

8. 删除最近打开的文档列表。

9. 设置定时自动保存文档。

10. 快速更改英文字母的大小写。

11. 用 Tab 键输入多个空格。

12. 快速重复输入文本。

13. 从网上复制无格式文本。

14. 删除文档中的所有空格。

15. 在文档中输入超大文字。

16. 为文字添加圆圈、三角形或正方形外框。

17. 为文字添加汉语拼音。

18. 快速清除文档格式。

19. 对齐大小不一的文字。

20. 在文档中连续插入相同的形状,在形状中添加文字。

21. 在文档中插入一幅剪贴画。

22. 提取 Word 文档中的所有图片。

23. 使用形状制作印章。

24. 在表格中添加斜线。

25. 将表格转换为文本,将文本转换为表格。

26. 对表格中的数据进行简单计算。

27. 为表格添加图片背景。

28. 将标题文本格式快速以正文字体显示。

29. 让目录随文档变化自动更新。

30. 为图片添加题注。

31. 让脚注与尾注互换。

32. 设置自动更新域。

33. 设置不检查拼写和语法。

34. 使用"审阅窗格"单独查看批注,再隐藏批注。

35. 比较修订前后的文档。

36. 统计文档中的字数。

37. 设置文档装订线位置。

38. 使文档内容居中于页面。

39. 将文档背景设置为稿纸样式,为文档添加网格线。

40. 打印当前页内容,手动双面打印。

3.4　参考答案

一、选择题

1～5:ADBDB;　　　6～10:ABCAC;　　　11～15:BBBCD;　　　16～20:DCDBD;

21～25:DACBC;　　26～30:DDCAC;　　31～35:CCACB;　　36～40:DBCBC;

41～45:BACBD;　　46～50:CCBBB;　　51～55:ACBCA;　　56～60:DCDCA。

二、填空题

1. 字符边框　　　2. docx　　　3. Office

4. "文件"选项卡"打印"　　　5. 语法错误　　　6. 改写

7. 浮动工具栏　　　8. 撤消　　　9. 首行缩进、悬挂缩进

10. Ctrl＋X、Ctrl＋V　　　11. 1　　　12. 标尺

13. 插入、页、分页(次序不能颠倒)　　　14. 字符格式

15. 不可用　　　16. 页面视图、草稿

17. Ctrl＋O　　　18. 字体、字号

19. 页面视图、阅读版式视图、Web 版式视图、大纲视图、草稿

20. 引用　　　21. 公式、符号、编号　　　22. 数据源

23. 表格工具、设计、布局　　　24. 导航　　　25. 样式

三、操作题

1. 在 Office 中,用户可以根据个人喜好从三种预置的界面颜色中选择任意一种。以 Excel 为例,操作步骤如下。

① 启动 Excel 2010,依次单击"文件"选项卡、"选项"命令。

② 打开"Excel 选项"对话框,单击左侧列表中的"常规"选项;在右侧"用户界面选项"下的"配色方案"下拉列表中选择一种颜色,如黑色;单击"确定"按钮,如图 3.30 所示。

2. 编辑文档时,用户可能已经对 Office 应用程序和各项功能很熟悉了,不再需要显示这些提示信息,那么可以将此功能关闭。以 Excel 为例,操作步骤如下。

① 启动 Excel 2010,依次单击"文件"选项卡、"选项"命令。

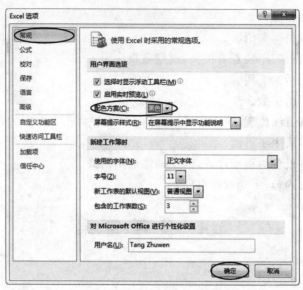

图 3.30 "Excel 选项"对话框

② 打开"Excel 选项"对话框,单击左侧列表中的"常规"选项;在右侧"屏幕提示样式"下拉列表中选择"不显示屏幕提示";单击"确定"按钮。

3. Office 的实时预览功能需要耗费一定的系统性能。如果希望 Office 以速度优先,那么可以关闭实时预览功能。以 Word 为例,操作步骤如下。

① 启动 Word 2010,依次单击"文件"选项卡、"选项"命令。

② 打开"Word 选项"对话框,单击左侧列表中的"常规"选项;在右侧单击取消选择"启用实时预览"复选框;单击"确定"按钮。

图 3.31 将 Word 添加到"开始"菜单

4. 对于经常需要使用 Word 的用户,可以将 Word 程序添加到"开始"菜单的"启动"组中,计算机开机后会自动运行 Word。操作步骤如下。

① 选中 Word 图标,按住鼠标左键将其拖动至任务栏左侧的"开始"按钮;在弹出的菜单列表中指向"所有程序"命令,如图 3.31 所示。

② 在所有程序列表中指向"启动"选项后,放开鼠标左键,如图 3.32 所示。"Microsoft Word 2010"添加到"启动"选项中的效果如图 3.33 所示。

图 3.32 拖动 Word 到"启动"选项

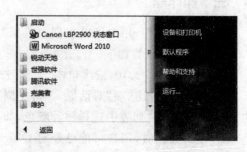

图 3.33 "Microsoft Word 2010"添加到"启动"选项中的效果

5. 用 Word 2003 打开 Word 2010 文档，加密已有的 Word 文档。操作步骤如下。

① 依次单击"文件"选项卡、"另存为"命令。

② 在"另存为"对话框中，单击选择文件保存的位置，输入文件名称；在"保存类型"下拉列表中选择"Word 97-2003 文档"类型，单击"保存"按钮，如图 3.34 所示。

图 3.34 "另存为"对话框

③ 在"文件"选项卡中，单击"信息"命令。

④ 在右侧面板中单击"保护文档"按钮，在下拉列表中单击"用密码进行加密"命令。

⑤ 在"加密文档"对话框的密码框中输入密码，单击"确定"按钮。

⑥ 在"确认密码"对话框中，再输入一次密码，单击"确定"按钮。

⑦ 完成密码设置后，在信息面板的"保护文档"按钮右侧显示"权限"样式，单击"保存"按钮即可使该文档设置的密码生效。

6. 默认情况下，快速访问工具栏只提供 3 个按钮，用户可以将指定功能添加到快速访问工具栏。操作步骤如下。

① 将鼠标指向功能区中欲添加到快速访问工具栏的按钮（如，"加粗"按钮），单击鼠标右键。

② 在弹出的快捷菜单中单击"添加到快速访问工具栏"命令。

7. 默认情况下，文档保存路径是系统的"文档"文件夹，但用户可以修改文档保存的默认路径。操作步骤如下。

① 依次单击"文件"选项卡、"选项"命令。

② 在"Word 选项"对话框中，依次单击左侧面板中的"保存"选项、右侧面板中的"默认文件位置"框后面的"浏览"按钮。

③ 打开"修改位置"对话框，单击选择存放文件的位置。

④ 单击"确定"按钮，返回"Word 选项"对话框，再单击"确定"按钮，关闭对话框。

8. 删除最近打开的文档列表的操作步骤如下。

① 依次单击"文件"选项卡、"最近所用文件"命令。

② 用鼠标右键单击"最近使用的文档"文件列表空白处，在快捷菜单中单击"清除已取消固定的文档"命令。在弹出的"Microsoft Word"提示框中单击"是"按钮。

③ 用鼠标右键单击"最近的位置"文件夹列表空白处,在快捷菜单中单击"清除已取消固定的位置"命令。在弹出的"Microsoft Word"提示框中单击"是"按钮。

9. 在使用 Word 的过程中,有可能意外关闭程序,为了减少信息的丢失,Word 提供了"自动保存"文档的功能。操作步骤如下。

① 依次单击"文件"选项卡、"选项"命令。

② 在"Word 选项"对话框中单击左侧面板中的"保存"选项,在右侧面板勾选"保存自动恢复信息时间间隔"复选框,并输入自动保存时间,如图 3.35 所示。

③ 单击"确定"按钮。

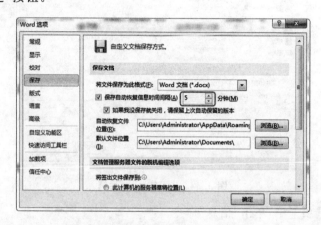

图 3.35　设置定时自动保存文档功能

10. 用户在录入英文时,为了提高输入速度,可以直接输入大写或小写英文。在文档输入完成后,使用 Word 提供的"更改大小写"功能直接对单词进行更改。操作步骤如下。

① 选中要更改的英文文本。

② 在"开始"选项卡"字体"组中单击"更改大小写"按钮。

③ 在弹出的菜单中选择切换大小写的方式,如"句首字母大写",如图 3.36 所示。

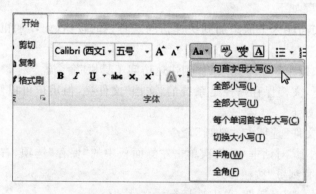

图 3.36　更改英文字母的大小写

11. 默认情况下,在 Word 中按空格键,向后移动 1 个字符,按 Tab 键向后移动 2 个字符。如果要在文档中输入多个空格,则可用 Tab 键操作。操作步骤如下。

① 将鼠标指针定位在需要添加空格的文本前面。

② 按键盘上的 Tab 键输入空格。

12. Word 为用户提供了记忆功能,当用户需要重复某些内容时,可以使用"重复"命令(F4 键)快速重复输入已经输入过的文本。但是,在输入英文和中文文本时,该键的作用略有不同。输入中/英文的功能如下。

◆ 输入中文:按 F4 键重复输入的是上一次输入的完整的一句话。若句子的某个地方包含数字或英文字母,则从数字或英文字母的后一个中文字开始重复。若句子后输入了空格或回车键,则仅会重复输入一个空格或增加一个段落标记。

◆ 输入英文:按 F4 键重复输入的是上一次使用 F4 键后输入的所有内容,包括回车和换行符。

13. 默认情况下,从网页中直接复制文本粘贴在 Word 中会出现网页中的回车符。复制无格式文本的操作步骤如下。

① 打开所需要的网页,选中网页中所需要的文字。按 Ctrl + C 组合键,或者单击浏览器相应菜单中的"复制"命令。

② 返回到 Word 文档,在"开始"选项卡下的"剪贴板"组中,单击"粘贴"下三角图标按钮。在弹出的列表中单击"只保留文本"按钮 A ,如图 3.37 所示。

或者,单击"选择性粘贴"命令,在弹出的"选择性粘贴"对话框中选择"无格式文本"后,再单击"确定"按钮,如图 3.38 所示。

图 3.37 "只保留文本"按钮

图 3.38 "选择性粘贴"对话框

14. 如果文档中有较多空格需要删除,为了提高工作效率,可以使用查找和替换功能来快速删除文档中的所有空格。操作步骤如下。

① 在"开始"选项卡"编辑"组中,单击"替换"命令,打开"查找和替换"对话框,在"查找内容"框中输入空格,如图 3.39 所示。

图 3.39 "查找和替换"对话框

② 在"替换为"框中不输入任何内容,单击"全部替换"按钮。

15.用户可在"字号"列表框中选择最大的字号为"初号"和"72 磅",但这两种字号都无法满足用户制作超大文字的需要。在 Word 中制作超大文字的操作步骤如下。

① 在"页面布局"选项卡的"页面设置"组中,依次单击"纸张方向"、"横向"命令。

② 选中文本,在"开始"选项卡"字体"组的"字号"框中直接输入数字,按 Enter 键。

16.在编辑特殊文档格式时,可以为文字添加圆圈、三角形、菱形或正方形外框,这样可以起到强调文字的效果,操作步骤如下。

① 选中要添加圆圈、三角形或正方形外框的文字。

② 在"开始"选项卡"字体"组中,单击"带圈字符"命令⊕打开"带圈字符"对话框,如图 3.40 所示。

③ 在"带圈字符"对话框"样式"栏中选择样式,在"圈号"列表中选择所需的圈号,单击"确定"按钮。

17.在文档中,利用"拼音指南"功能为文字添加汉语拼音的操作步骤如下。

① 选中要添加汉语拼音的文本。

② 在"开始"选项卡"字体"组中,单击"拼音指南"命令變打开"拼音指南"对话框,如图 3.41 所示。

图 3.40 "带圈字符"对话框　　　　图 3.41 "拼音指南"对话框

③ 在"拼音指南"对话框中设置拼音的对齐方式、偏移量、字体和字号,单击"确定"按钮。

18.如果在文档中应用了太多的格式,可以使用"清除格式"功能快速清除文档格式,操作步骤如下。

① 选中需要清除格式的文本。

② 在"开始"选项卡"字体"组中单击"清除格式"命令響即可清除文档格式,使之返回到最初输入的效果。

19.在文档中,如果要对文字、图片进行混排,就可以使用段落垂直对齐、底端对齐的方法来完成,操作步骤如下。

① 选中需要进行底端对齐的文本。

② 在"开始"选项卡"段落"组中,单击右下角的"对话框启动器"按钮圆打开"段落"对话框,如图 3.42 所示。

③ 在"段落"对话框中,单击"中文版式"选项卡,在"字符间距"组中选择"文本对齐方式"为"底端对齐",单击"确定"按钮。

20. 在文档中制作相同的形状可以使用"复制"命令。而在文档中连续插入形状相同、大小不一的形状时则应按下列步骤操作。

① 在"插入"选项卡"插图"组中,单击"形状"按钮,弹出"形状"列表,如图 3.43 所示。

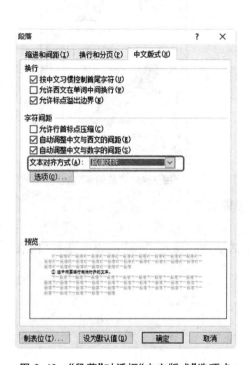

图 3.42 "段落"对话框"中文版式"选项卡

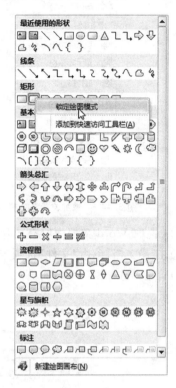

图 3.43 "形状"列表

② 在"形状"列表中,用鼠标右键单击所需的形状,在快捷菜单中选择"锁定绘图模式"命令。

③ 在文档中按住鼠标左键拖动绘制形状大小,在一个形状绘制完成后,鼠标指针仍处于绘图状态(十状态),直接拖动鼠标指针就可能继续绘制该形状。

④ 绘制完成后,按"Esc"键退出。

在形状中添加文字的操作步骤如下。

① 选择要添加文字的形状,单击鼠标右键,在弹出的快捷菜单中单击"添加文字"命令,如图 3.44 所示。

② 在形状中输入文字,还可以在"开始"选项卡"字体"组中设置文字的字体、字号等。

21. 剪贴画是 Microsoft 为 Office 系列软件专门提供的内部图片,剪贴画一般为矢量图形,采用 WMF 格式,在文档中插入剪贴画的操作步骤如下。

① 在"插入"选项卡"插图"组中,单击"剪贴画"命令,打开"剪贴画"窗格,如图 3.45 所示。

② 在"搜索文字"框中输入要搜索的剪贴画,选择搜索剪贴画的类型,单击"搜索"按钮。

③ 拖动垂直滚动条,选择剪贴画,单击需要插入到文档中的剪贴画即可。

图 3.44 "添加文字"快捷菜单　　　　图 3.45 "剪贴画"窗格

22. 提取 Word 文档中所有图片的操作步骤如下。

① 打开文档,单击"文件"选项卡。

② 单击"另存为"命令,打开"另存为"对话框,在"保存类型"列表中选择"网页",如图 3.46所示。

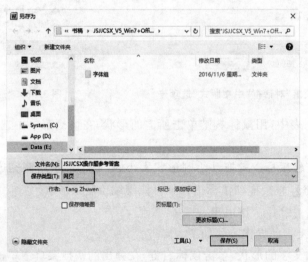

图 3.46 "另存为"对话框

保存文档后,Word 就会自动把其中的内置图片以"image001. jpg""image002. jpg""image003.jpg"名称保存起来,并且会在该文档所在的文件夹中自动创建一个名为原文件名十.files 的文件夹,再对相应的文件夹进行查看、复制等操作。

23. 使用形状制作印章的操作步骤如下。

① 在"插入"选项卡"插图"组中单击"形状"按钮,弹出"形状"列表。

② 在"形状"列表中,单击所需的"椭圆"形状,鼠标指针就变成十,按住鼠标左键拖动就

能绘制椭圆。

③ 选中刚刚绘制的椭圆，在"绘图工具"选项卡"格式"子选项卡的"形状样式"组中单击"形状填充"命令，在菜单中单击"无填充颜色"命令。

④ 选中椭圆，在"绘图工具"选项卡"格式"子选项卡的"形状样式"组中，单击"形状轮廓"命令，在菜单中指向"虚线"或"粗细"，在下一级菜单中单击"其他线条"命令，打开"设置形状格式"对话框，如图3.47所示。

⑤ 单击图3.47所示"设置形状格式"对话框左窗格中的"线型"，在右窗格中设置线型的"宽度""复合类型"等；再单击左窗格中的"线条颜色"，在右窗格中选择线条颜色，如"红色"，单击"关闭"按钮。

⑥ 在"插入"选项卡的"文本"组中单击"艺术字"按钮，在弹出的列表中选择艺术字样式，在弹出的艺术字框中输入文字，如"宇宙航天实业有限责任公司"。

⑦ 选中刚刚输入的文字，在"绘图工具"选项卡"格式"子选项卡的"艺术字样式"组中，单击"文字效果"命令，在弹出菜单中指向"转换"，在下一级列表中选择艺术字样式。

⑧ 将鼠标指针移到艺术字控制点上，按住鼠标左键不放拖动缩放艺术字，按住艺术字控制点调整弧度。

⑨ 按相同的方法制作"账务专用章"艺术字后，再插入"形状"列表中的"五角星"样式；选中"五角星"，在"绘图工具"选项卡"格式"子选项卡"形状样式"组中，选择"五角星"的"形状填充"颜色和"形状轮廓"颜色。

制作完成的印章如图3.47右下角图所示。

24. 在制作一些表格时，通常要在表格左上角的第一个单元格制作指向行、列的表头，用于对表格中的数据项进行分类。设置斜线表头的操作步骤如下。

① 在"插入"选项卡"表格"组中，单击"表格"按钮，弹出"插入表格"列表，拖动选择要插入的表格。拖动鼠标调整表格第一个单元格大小。

② 将鼠标指针定位在第一个单元格中，在"表格工具"选项卡"设计"子选项卡"表格样式"组中，单击"边框"按钮右侧的下拉箭头，在弹出的菜单中选择"斜下框线"命令，如图3.48所示。

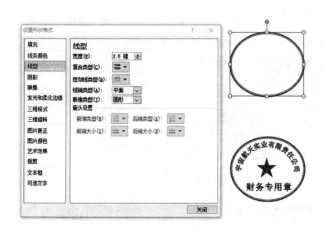

图3.47 "设置形状格式"对话框

图3.48 "边框"菜单

③ 在单元格中输入所需的内容,并将第一行文字设置为右对齐,将第二行文字设置为左对齐。

25. 将表格转换为文本的操作步骤如下。

① 选中需要转换的表格行,在"表格工具"选项卡"布局"子选项卡"数据"组中单击"转换为文本"按钮,打开"表格转换成文本"对话框,如图 3.49 所示。

② 选择"文字分隔符"栏下的"制表符"单选钮,单击"确定"按钮。

将文本转换为表格的操作步骤如下。

① 整理需要转换为表格的文本,用空格或逗号隔开,并选中文本。

② 在"插入"选项卡"表格"组中,单击"表格"按钮,在弹出的菜单中单击"文本转换成表格"命令,打开"将文字转换成表格"对话框,如图 3.50 所示。

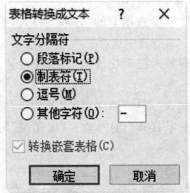

图 3.49　"表格转换成文本"对话框　　　图 3.50　"将文字转换成表格"对话框

③ 在"将文字转换成表格"对话框中,设置"表格尺寸",将"自动调整"操作栏下的"固定列宽"调整为"自动",再选择"文字分隔位置"栏下的"空格",单击"确定"按钮。

26. 对表格中的数据进行简单计算的操作步骤如下。

① 将鼠标指针定位至要计算的单元格(如"平均销量"第一个单元格),在"表格工具"选项卡"布局"子选项卡"数据"组中单击"公式"按钮,打开"公式"对话框,如图 3.51 所示。

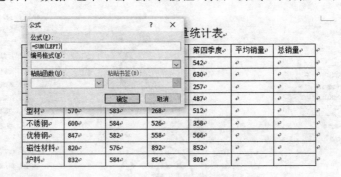

图 3.51　"公式"对话框

② 在"公式"框中输入计算公式"SUM(LEFT)"(表示对"平均销量"单元格左侧的所有单元格数据求和),单击"确定"按钮。

③ 计算出第一个单元格的数值后,如果其他单元格也要使用该公式进行计算,则按

"Ctrl＋Y"快捷键重复上一步的方法快速计算。

④ 将所有单元格的数据都计算完后,选中数据并按住鼠标左键拖动至"总销量"列中即可。

⑤ 将鼠标指针定位于计算平均销量的单元格中,在"表格工具"选项卡"布局"子选项卡"数据"组中单击"公式"按钮,打开"公式"对话框。

⑥ 在"公式"框中输入计算公式"Average(left)"(表示对"平均销量"单元格左侧的所有单元格数据求平均值),单击"确定"按钮。

⑦ 重复步骤③,在表格中快速进行计算。

27. 在图表中除了使用颜色填充外,还可以使用图片填充图表区域。为图表添加图片背景的操作步骤如下。

① 选中要填充图片背景的图表。

② 在"图表工具"选项卡"格式"子选项卡"形状样式"组中单击"形状填充"右侧的下拉箭头,在弹出的列表中单击"图片"命令,打开"插入图片"对话框,如图 3.52 所示。

图 3.52 "插入图片"对话框

③ 如图 3.52 所示,在"插入图片"对话框中选择需要插入的图片,单击"插入"按钮。

28. 将标题文本格式快速用正文字体显示的操作步骤如下。

① 在"视图"选项卡"文档视图"组中,单击"大纲视图"按钮,切换到"大纲视图"。

② 在"大纲"选项卡"大纲工具"组中,取消选中"显示文本格式"复选框。这时,在"大纲"选项卡中将标题以正文字体格式显示出来。

③ 若要返回到"普通视图",则只需单击"关闭大纲视图"按钮。

29. 让目录随文档变化自动更新的操作步骤如下。

① 在"视图"选项卡"文档视图"组中,单击"大纲视图"按钮,切换到"大纲视图"。

② 在"大纲"选项卡"大纲工具"组中,单击"大纲级别"右侧的下拉箭头,在弹出的列表中选择"正文文本"命令。

③ 修改完文档中的级别后,在目录上单击鼠标右键,在弹出的快捷菜单中选择"更新

域"命令,打开"更新目录"对话框。

④ 在"更新目录"对话框中,选中"更新整个目录"单选钮,单击"确定"按钮。

⑤ 修改完成后,单击"关闭大纲视图"按钮。

30. 使用题注插入图片编号后,在文档中增加或删除图片时,可以避免手动插入图片编号引起的错误。为图片添加题注的操作步骤如下。

① 在"插入"选项卡"插图"组中,单击"图片"按钮,打开"插入图片"对话框。

② 在"插入图片"对话框中,选择需要插入的图片,单击"插入"按钮。

③ 在"引用"选项卡"题注"组中,单击"插入题注"按钮,打开"题注"对话框,如图 3.53所示。单击"确定"按钮。

31. 已经插入到文档中的脚注可以直接转换为尾注,尾注也可以转换为脚注。让脚注与尾注互换的操作步骤如下。

① 在"引用"选项卡"脚注"组中,单击对话框启动器,打开"脚注和尾注"对话框,如图3.54 所示。

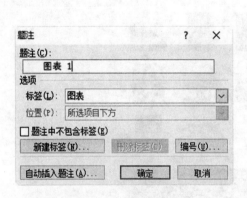

图 3.53 "题注"对话框

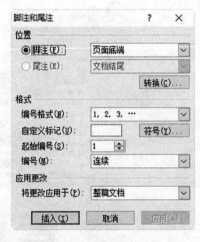

图 3.54 "脚注和尾注"对话框

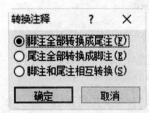

图 3.55 "转换注释"对话框

② 在"脚注和尾注"对话框中,单击"转换"按钮,打开"转换注释"对话框,如图 3.55 所示。选中"脚注全部转换成尾注"单选钮,单击"确定"按钮,返回"脚注和尾注"对话框,单击"插入"按钮,即可完成转换操作。

注意:如果打开的文档中有脚注,则在弹出的"转换注释"对话框中除了"脚注全部转换成尾注"选项外,其他选项均为灰色。

32. 在文档编辑过程中,常常要按 F9 键刷新交叉应用,以修正文档内容。为了提高工作效率,可以让 Word 在打印前自动刷新。设置自动更新域的操作步骤如下。

① 依次单击"文件"选项卡、"选项"命令,打开"Word 选项"对话框。

② 在"Word 选项"对话框左窗格单击"显示"项,在右窗格"打印选项"栏选中"打印前更新域"复选框,如图 3.56 所示。单击"确定"按钮。

33. 输入文档时,会自动检测文档的拼写与语法,如果输入错误,就会出现红色、蓝色或

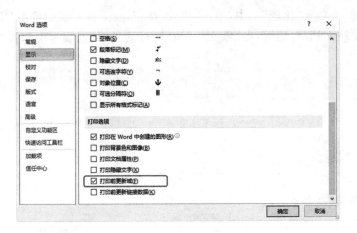

图 3.56　在"Word 选项"对话框中设置自动更新域

绿色波浪线,影响美观。设置不检查拼写和语法的操作步骤如下。

① 在"审阅"选项卡"语言"组中,单击"语言"按钮,在下拉列表中选择"设置校对语言"。

② 打开"语言"对话框,如图 3.57 所示,选中"不检查拼写或语法"复选框。

③ 单击"确定"按钮。

34. 在文档内容较多、手动翻页浏览速度过慢或查看时可能会漏掉其中的批注信息时,可以使用"审阅窗格"单独查看批注或隐藏批注。操作步骤如下。

① 在"审阅"选项卡"修订"组中,单击"审阅窗格"按钮。

② 如图 3.58 所示,在文档左侧弹出审阅窗口,主文档修订和批注的所有信息显示在窗口下方。

图 3.57　在"语言"对话框中设置不检查拼写和语法

图 3.58　审阅窗格

③ 在"审阅"选项卡"修订"组中,单击"显示标记"下拉按钮,如图 3.59 所示,在下拉列表中单击"批注"前面的复选框,取消选择。

35. 对于开启了修订功能的文档,可以通过查看修订方式来了解审阅者做了哪些修改、修改了哪些内容。如果没有开启修订功能,那么可以使用文档比较的功能,对原始文档与修订后的文档进行比较,自动生成一个修订文档。操作步骤如下。

① 在"审阅"选项卡"比较"组中,单击"比较"按钮,在下拉列表中单击"比较"命令。

② 打开"比较文档"对话框,在"原文档"和"修订的文档"列表框中选择文档,如图 3.60 所示。

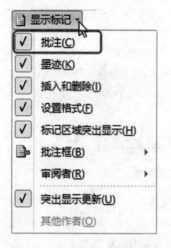

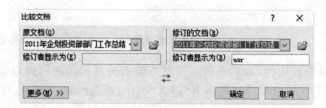

图 3.59　"显示标记"下拉列表　　　　**图 3.60　"比较文档"对话框**

③ 单击"确定"按钮,自动生成"文档3",将有区别的文字标示出来。

36．Word 提供的统计文档字数的功能,可以用于统计文档中的页数、段落数、行数和字数。操作步骤如下。

① 在"审阅"选项卡"校对"组中,单击"字数统计"按钮,打开"字数统计"对话框,即可看到文档统计信息。

② 单击"关闭"按钮。

37．一般来说,多于 2 页的文档都需要装订。在 Word 中,装订线有 2 个位置,即顶端、左侧,这取决于纸张类型。设置文档装订线位置的操作步骤如下。

① 在"页面布局"选项卡"页面设置"组中,单击右下角的"对话框启动器"按钮,打开"页面设置"对话框,如图 3.61 所示。

② 在"页边距"选项卡中设置"装订线"大小、"装订线位置"。

③ 单击"确定"按钮。

38．默认情况下,在文档中输入的文本内容都是顶端对齐的方式,但可以通过页面设置使文档内容居中于页面。操作步骤如下。

① 在"页面布局"选项卡"页面设置"组中,单击右下角的"对话框启动器"按钮,打开"页面设置"对话框。

② 如图 3.62 所示,在"版式"选项卡"页面"栏下,选择"垂直对齐方式"为"居中"。

③ 单击"确定"按钮。

39．默认情况下,文档页面显示方式为白底黑字。有时候,需要制作特殊的纸张效果,如将文档背景设置为稿纸样式,为文档添加网格线。将文档背景设置为稿纸样式的操作步骤如下。

① 在"页面布局"选项卡"稿纸"组中,单击"稿纸设置"按钮。

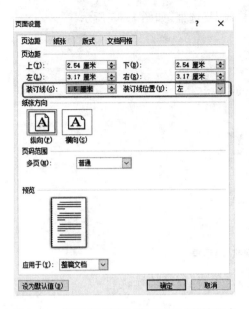

图 3.61 "页面设置"对话框"页边距"选项卡   图 3.62 "页面设置"对话框"版式"选项卡

② 打开如图 3.63 所示的"稿纸设置"对话框,在"网格"栏设置"格式""行数×列数""网格颜色";在"换行"等栏下进行其他设置。

③ 单击"确认"按钮,打开"请稍候"对话框,等待载入方格稿纸。

为文档添加网格线的操作步骤如下。

① 在"页面布局"选项卡"页面设置"组中,单击右下角的"对话框启动器"按钮,打开"页面设置"对话框。

② 如图 3.64 所示,在"文档网格"选项卡中单击"绘图网格"按钮,打开"绘图网格"对话框。

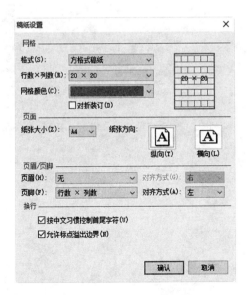

图 3.63 "稿纸设置"对话框

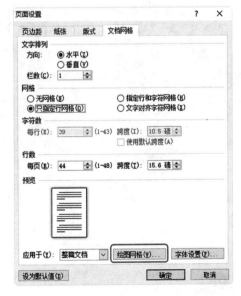

图 3.64 "页面设置"对话框"文档网格"选项卡

③ 在"显示网格"栏,勾选"在屏幕上显示网格线"复选框,如图 3.65 所示。

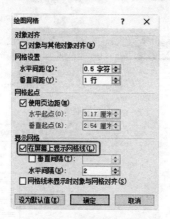

图 3.65 "绘图网格"对话框

④ 单击"确定"按钮,返回"页面设置"对话框,再单击"确定"按钮。

40. 进行手动双面打印的操作步骤如下。

① 依次单击"文件"选项卡、"打印"命令。

② 在"设置"栏单击"单面打印"按钮,再选择"手动双面打印"。

③ 单击"打印"按钮,即可开始手动双面打印。

第4章 电子表格软件的功能和使用

4.1 知识要点

4.1.1 电子表格概述

1. 基本功能

Excel 主要用于表格的制作、数值统计、对数据进行分析和整理。它可与 Microsoft Office 的其他组件 Word、PowerPoint 等协同作用,并且可以与多种数据库或其他同类软件交流信息。它具有满足用户个性化、全球化的功能。

2. Excel 的特点

在制作和处理表格时,它优于 Word,主要体现在以下几方面。

(1) 在表格的不同单元格中可一次性输入大量的相同内容。

(2) 可使表格中某一行或列的数据内容规则排列。

(3) 可以方便地制作出对称的表格表头。

(4) 可按一定格式处理表格中的大量数字。

(5) 为用户提供了众多的财务信息、数据库、统计等方面的专业函数。

(6) 关联表中的数据变化可以即时地在图表中显示出来。

(7) 可制作复杂的交互式数据表,运用其数据透视表进行全方位的数据分析。

3. 运行环境

Excel 2010 在 Windows XP、Windows 7、Windows 8 等操作系统下都可以运行。

4. 启动和退出

1) Excel 的启动

启动 Excel 有以下 3 种方法。

(1) 单击"开始"按钮,指向"所有程序"菜单下的"Microsoft Office",单击"Microsoft Excel 2010"。

(2) 如果安装该软件后使用过,那么单击任务栏中的"开始"按钮,菜单中会排列一组常用的命令图标,单击"Microsoft Excel 2010"图标(当鼠标指向它时,会显示屏幕提示),即可启动。

(3) 如果桌面上有 Excel 快捷方式图标,那么双击该图标,也可启动 Excel。

2) Excel 的退出

退出 Excel 有以下 3 种方法。

(1) 单击 Excel 窗口的"关闭"按钮。

(2) 选择"文件"选项卡下的"关闭"命令。

(3) 按"Alt+F4"组合键。

4.1.2 工作簿和工作表的基本概念及基本操作

1. 基本概念

1) 工作簿

Excel 工作簿即文档窗口,是处理和存储用户数据的文件,其扩展名是. xlsx。一个Excel工作簿可以包含无限多个工作表,用户可以将一些相关的工作表存放在一个工作簿中,如图 4.1 所示。

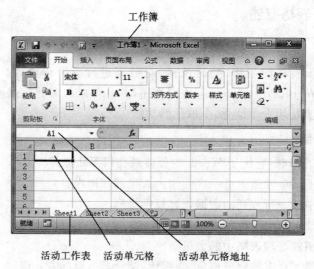

工作簿

活动工作表　活动单元格　活动单元格地址

图 4.1　工作簿、工作表、单元格

2) 工作表

工作表是组成工作簿的基本单位。一个工作表存放着一组密切相关的数据。一个工作簿可包括工作表的个数取决于计算机可用内存的大小,其中只有一个是当前工作表(又称活动工作表)。每个工作表都有一个名称,在屏幕上对应一个标签,所以,工作表名又称为标签名。初建工作表时,默认工作表名(标签名)是 Sheet1、Sheet2、Sheet3 等。双击工作表标签,或用鼠标右键单击工作表标签,在快捷菜单中选择"重命名"命令可以为工作表更名。工作表名最多可含有 31 个字符,并且不能含有冒号、斜线、问号、星号、左右方括号等,可以含有空格。

3) 单元格

工作表是由排列成行和列的线条组成的,行线和列线交叉而成的矩形框称为单元格。单元格是组成工作表的基本元素。一个工作表最多可包含 16384 列、1048576 行;每一列列标用 A,B,C,D,…,X,Y,Z,AA,AB,AC,…,AZ,BA,BB 等表示,依此类推,直到 XFD;每一行行标用 1,2,3,…表示。由交叉位置的列标、行标表示单元格,例如,A6、B2、C14 等。每个工作表中只有一个单元格为当前工作单元格,称为活动单元格。活动单元格名在屏幕上的名称框中反映出来。

4) Excel 的数据类型

单元格中的数据有文本数据、数值数据和日期时间数据等 3 种类型。

文本数据常用来表示名称,可以是汉字、英文字母、数字、空格及其他键盘能输入的字符。文本数据不能用来进行数学运算,但可以通过连接运算符(&)进行连接。

数值数据表示一个数值或币值,可以是整数、小数、带正负号数、带千分位数、百分数、带货币符号数、科学记数法数。

日期时间数据表示一个日期或时间。日期的输入格式是"年-月-日",年份可以是 2 位,也可以是 4 位,一般应使用 4 位年份。日期显示时,年份为 4 位。时间的输入格式是"时:分""时:分 am"或"时:分 pm",显示时间时,按 24 小时制显示。

2. 工作簿的建立、保存和退出

1) 工作簿的建立

建立空白工作簿有以下 3 种方法。

(1) 启动 Excel 时,Excel 会自动创建一个空白工作簿。

(2) 如果将"新建"按钮添加到"快速访问工具栏",单击"新建"按钮即可创建一个空白工作簿。

(3) 单击"文件"选项卡,再单击"新建"按钮,在"主页"栏下选择"空白工作簿",最后单击窗口右侧的"创建"按钮。单击"创建"按钮,即创建一个新工作簿。

若要创建基于模板的工作簿,则在"主页"栏或"Office.com 模板"下选择模板。

2) 工作簿的保存

保存工作簿一般有以下 3 种方法。

(1) 单击"快速访问工具栏"上的"保存"按钮。

(2) 选择"文件"选项卡下的"保存"选项,打开"另存为"对话框,在该对话框中的"文件名"框内输入文件名,在左窗格选择要存放文件的文件夹,单击"保存"按钮。

(3) 按"Ctrl + S"组合键。

3) 工作簿的退出

退出工作簿一般有以下 4 种方法。

(1) 单击工作簿窗口的"关闭"按钮 ▆✕▆ 。

(2) 选择"文件"选项卡下的"退出"选项。

(3) 选择 Excel 控制菜单下的"关闭"命令。

(4) 按"Alt+F4"组合键。

注:若单击工作簿窗口的"关闭窗口"按钮 ▣✕▣ ,则只关闭工作表,不退出工作簿。

3. 工作表的基本操作

1) 选择工作表

选择工作表的操作方法如下。

(1) 单击该工作表的标签选定一个工作表。如果看不到所需标签,则先单击标签滚动按钮以显示所需标签,然后单击该标签。

(2) 单击第一个工作表的标签,然后在按住"Shift"键的同时单击要选择的最后一个工作表的标签,可选定两张或多张相邻的工作表。

(3) 单击第一个工作表的标签,然后在按住"Ctrl"键的同时单击要选择的其他工作表的标签,可选定两个或多个不相邻的工作表。

(4) 用鼠标右键单击某一工作表的标签,然后单击快捷菜单上的"选定全部工作表",可选定工作簿中的所有工作表。

2) 插入工作表

插入工作表最快捷的操作是,在工作表标签右侧,单击"插入工作表"标签,系统自动在Sheet3 工作表后面插入一个工作表,并命名为 Sheet4。

3) 移动或复制工作表

选定要移动的工作表,拖动到所需的位置,即可完成工作表的移动。

选定要复制的工作表,按下"Ctrl"键,拖动工作表到所需的位置,释放鼠标左键。

利用"Ctrl+C""Ctrl+X""Ctrl+V"组合键,可以方便地实现两个工作簿间或工作簿内部工作表的复制和移动。

4) 删除工作表

要删除工作表,可以使用"开始"选项卡"单元格"组中的"删除"按钮,也可以使用工作表的右键快捷菜单。

5) 隐藏或显示工作表

隐藏工作表的操作步骤如下。

(1) 选中要隐藏的工作表,单击"开始"选项卡"单元格"组中的"格式"按钮。

(2) 在"可见性"下单击"隐藏和取消隐藏",然后单击"隐藏工作表",选定的工作表被隐藏。

显示工作表的操作步骤如下。

(1) 在"可见性"下单击"隐藏和取消隐藏",然后单击"取消隐藏工作表",打开"取消隐藏"对话框。

(2) 在"取消隐藏工作表"列表中,选择要显示的已隐藏工作表的名称。

(3) 单击"确定"按钮。

6) 为工作表设置背景图案

单击要添加背景的工作表标签,单击"页面布局"选项卡"页面设置"组中的"背景"按钮,打开"工作表背景"窗口。在该窗口中选择使用背景的图形文件,然后单击"插入"按钮。

7) 调整工作表的显示比例

要调整工作表中的显示比例,可直接在窗口右下角拖动"显示比例"工具滑块,或单击放大按钮⊕、缩小按钮⊖来改变显示比例。

8) 隐藏行或列

要隐藏行或列时,先选择要隐藏的行或列,然后单击鼠标右键,在弹出的快捷菜单中选择"隐藏"命令。要取消隐藏行(列)时,只要先选择包含隐藏的行(列),然后单击鼠标右键,在弹出的快捷菜单中选择"取消隐藏"即可。

4. 单元格的基本操作

1) 单元格定位

将鼠标指针移到工作表区域时,它会变成白十字形状✛,此时单击任一单元格即可使该单元格呈黑框显示,即实现了单元格定位。

定位某单元格后,还可以用键盘上的方向键继续定位该单元格周围的其他单元格。

如果已知要定位的单元格所在的行、列,则可通过按"F5"键打开"定位"对话框。在该对话框中,可用 $ 符号为前缀定位表格中具体的行、列。

2)光标的定位

单元格内输入光标的定位方法是:双击单元格或单击单元格后按"F2"键。单元格光标的定位也称为激活单元格,方法是用鼠标单击要选用的单元格。

3)单元格或单元格区域的选定

(1)选取单个单元格——单击该单元格。

(2)选取整行——单击行标头。

(3)选取整列——单击列标头。

(4)选取连续的单元格——按住鼠标左键并将指针从左上角拖到右下角。

(5)选取非连续的单元格——按住"Ctrl"键并用鼠标单击或拖曳要选定的单元格。

(6)选定全部工作表——单击行标头与列标头相交位置的"全选"按钮或按"Ctrl+A"组合键。

(7)取消选择——用鼠标单击任意一个单元格。

5. 输入数据

1)在单元格中输入数据的规范

(1)字母、汉字、数字可直接输入。

(2)负数的输入可用"－"开头,也可用"( )"开头。

(3)输入日期可用"/"分隔。

(4)输入公式以"="开头。

(5)输入函数先选定要输入的单元格,然后单击工具栏上的" *fx* "按钮。

(6)单元格的宽度应与数字或字符的长度相容,否则不能正确显示。

2)数据输入的基本方法

(1)在连续单元格内输入数据。

如果要沿行方向输入数据,每个单元格输入完成后,则应按"Tab"键进入下一个单元格;如果要沿列方向输入数据,每个单元格输入完成后,则应按"Enter"键进入下一个单元格。

(2)在不同单元格内输入同一个数据。

若要在不同单元格内输入相同数据内容,则应先按住"Ctrl"键选定这些单元格,然后在编辑栏中键入数据,最后按"Ctrl+Enter"组合键。

(3)输入文本。

操作步骤为:选择输入法,单击单元格,输入文本,按"Enter"键,进入当前单元格的一行继续输入。

(4)输入指定格式的数据。

操作步骤为:选中指定格式的单元格,在"开始"选项卡"数字"组中单击"数字格式"右侧的下拉箭头,在下拉列表选择一种数据格式(如"货币")。在单元格中输入数据后,按"Enter"键即可自动为数据添加格式。

(5)插入符号。

操作步骤为:选择要插入符号的单元格,在"插入"选项卡"符号"组中单击"符号"按钮,打开"符号"对话框。选择所需要的符号,单击"插入"按钮。

（6）序列数据的输入。

◆ 在相邻的两个单元格中输入序列数据的第一个、第二个,然后选定这两个单元格,朝所需的方向拖曳右下角的填充柄,其余的序列数据将自动按序输入。

◆ 在第一个单元格中输入数据,然后选定要填充的单元格,再在"编辑"菜单下的"填充"子菜单中根据需要选择填充方式。

◆ 在相邻的两个单元格中输入数据,然后选定这两个单元格,用鼠标左键朝所需的方向拖曳右下角的填充柄,松开后再根据需要选择填充方式。

◆ 用自定义序列进行自动填充,方法是:单击"文件"选项卡"选项"命令,打开"Excel 选项"对话框,单击"高级"选项,在"常规"栏下单击"编辑自定义列表"按钮,在"输入序列"列表中分别输入序列的每一项,单击"添加"按钮后单击"确定"按钮;返回到"Excel 选项"对话框,单击"确定"按钮。

◆ 记忆输入法。具体操作为:当在单元格中键入的起始字符与该列单元格中已有的录入项相同时,Excel 可以填充其余字符,如果用户接受,则按"Enter"键;否则可不加理会,继续输入。

6. 编辑数据

1）删除

删除选定单元格或单元格区域数据有以下 2 种方法。

（1）按"Delete"键。

（2）单击"开始"选项卡"编辑"组中的"清除"按钮,在下拉菜单中选择"清除内容"命令。

2）修改内容

要修改单元格中的内容,有编辑栏内修改和单元格内修改 2 种方法。

3）移动数据

移动数据有以下 2 种方法。

（1）选定要移动数据的单元格,将鼠标指针指向选定单元格的边框上,当鼠标指针变成形状时,按下鼠标左键,拖动鼠标指针到目标单元格。

（2）选定要移动数据的单元格,先单击"开始"选项卡"剪贴板"组中的"剪切"按钮或按"Ctrl＋X"组合键,再选定目标单元格,单击"开始"选项卡"剪贴板"组中的"粘贴"按钮或按"Ctrl＋V"组合键。

4）复制数据

复制数据有以下 2 种方法。

（1）选定要复制数据的单元格,将鼠标指针放到选定单元格的边框上,在按住"Ctrl"键的同时拖动鼠标指针到目标单元格。

（2）选定要复制数据的单元格,先单击"开始"选项卡"剪贴板"组中的"复制"按钮或按"Ctrl＋C"组合键,再选定目标单元格,单击"开始"选项卡"剪贴板"组中的"粘贴"按钮或按"Ctrl＋V"组合键。

7. 工作表的重命名

为工作表改名有以下 2 种方法。

（1）用鼠标右键单击工作表标签，在弹出的快捷菜单中选择"重命名"命令。

（2）双击工作表标签。

8. 工作表窗口的拆分和冻结

1）冻结窗口

冻结窗口的操作步骤如下。

（1）单击不需要冻结区的左上角单元格。

（2）在"视图"选项卡"窗口"组中，单击"冻结窗格"旁的箭头，选择"冻结拆分窗格"命令，随即出现冻结窗口。使用滚动条滚动屏幕时，位于冻结线上边、左侧的内容被"冻"住。

（3）在"视图"选项卡"窗口"组中，单击"冻结窗格"，选择"取消冻结窗格"命令可以撤销窗口的冻结。

2）拆分窗口

拆分窗口就是将工作表放在 4 个窗格中，在每一个窗格中都可以看到工作表的全部内容。操作步骤如下。

（1）在"视图"选项卡"窗口"组中，单击"拆分"按钮，这时所选活动单元格的上方和左侧分别出现分割线，工作表被划分为 4 个窗格。

（2）利用右侧、下方的滚动条在 4 个分离的窗格中移动，拖曳水平分割框、垂直分割框移动分割线的位置。

4.1.3 工作表的格式化

1. 设置单元格格式

1）应用单元格边框

（1）选择要添加边框的单元格或单元格区域。

（2）在"开始"选项卡"字体"组中，单击"边框"旁边的箭头，然后单击所需要的边框样式。

2）更新文本颜色和对齐方式

（1）选中包含（或将要包含）要设置格式的文本的单元格或单元格区域，也可以选中单元格中的文本的一个部分或多个部分，然后将不同的文本颜色应用到这些部分。

（2）若要更改选中的单元格中文本的颜色，在"开始"选项卡"字体"组中，单击"字体颜色"旁边的箭头，然后在"主题颜色"或"标准色"下单击要使用的颜色。

（3）要更改选中的单元格中文本的对齐方式，在"开始"选项卡"对齐方式"组中，单击所要的对齐选项。

3）应用单元格底纹

（1）选择要应用底纹的单元格或单元格区域。

（2）在"开始"选项卡"字体"组中，单击"填充颜色"按钮，然后在"主题颜色"或"标准色"下单击所要的颜色。

4）设置单元格数据对齐方式

在"开始"选项卡"对齐方式"组中，执行下列一项或几项操作。

◆ 要更改单元格内容的垂直对齐方式，则单击"顶端对齐"按钮、"垂直居中"按钮或"底端对齐"按钮。

◆ 要更改单元格内容的水平对齐方式,则单击"文本左对齐"按钮、"居中"按钮或"文本右对齐"按钮。

◆ 要更改单元格内容的缩进,则单击"减少缩进量"按钮或"增加缩进量"按钮。

◆ 要旋转单元格内容,则单击"方向"按钮,然后选择所需的旋转选项。

◆ 要在单元格中自动换行,则单击"自动换行"。

◆ 要使用其他文本对齐方式选项,则单击"对齐方式"旁边的"对话框启动器"按钮,然后在"设置单元格格式"对话框中的"对齐"选项卡上选择所需的选项。例如,若要调整单元格中的文本,在"对齐"选项卡上单击"水平对齐"下的下拉框,然后单击"调整"。

2. 设置列宽和行高

1)用鼠标拖曳的方法设置行高、列宽

当鼠标指针在行(列)标头格线处变为双向箭头状"✛"或"✚"时,拖曳标头格线即可改变行高(列宽)。如果选取多行(列),再拖曳标头格线,则可以设置多行(多列)的等高(等宽)效果。

2)用菜单精确设置的方法设置行高、列宽

单击要设置的行(列)的单元格,单击"开始"选项卡"单元格"组中的"格式"按钮,在下拉菜单中,选择"行高"或"列宽"命令,在弹出的"行高"或"列宽"对话框中,输入行高(列宽)的精确值后,单击"确定"按钮。

3. 设置条件格式

1)使用双色刻度或三色刻度设置单元格的格式

双色刻度使用两种颜色的渐变来帮助我们比较单元格区域。三色刻度使用三种颜色的渐变来帮助我们比较单元格区域。颜色的深浅表示值的高、中、低。操作步骤如下。

(1)选择单元格或单元格区域。

(2)单击"开始"选项卡"样式"组中的"条件格式",指向"色阶"选项。

(3)单击所要的双色刻度或三色刻度。

2)仅对包含文本、数字或日期/时间值的单元格设置格式

操作步骤如下。

(1)在指定的工作表中选择单元格或单元格区域。

(2)单击"开始"选项卡"样式"组中的"条件格式",指向"突出显示单元格规则"。

(3)选择所需的命令,输入要使用的值,在"设置为"框中选择所需要的格式。

(4)单击"确定"按钮。

3)使用公式确定要设置格式的单元格

操作步骤如下。

(1)单击"开始"选项卡"样式"组中的"条件格式",然后单击"管理规则",打开"条件格式规则管理器"对话框。

(2)添加条件格式,单击"新建规则",打开"新建格式规则"对话框。

(3)在"选择规则类型"下,单击"使用公式确定要设置格式的单元格"。

(4)单击"格式"按钮,打开"设置单元格格式"对话框。

选择当单元格值符合条件时要应用的数字、字体、边框或填充格式。可以选择多个格式,选择的格式将在"预览"框中显示出来。

(5)依次单击三次"确定"按钮。

4)使用数据条设置单元格的格式

操作步骤如下。

(1)选中要设置格式的单元格区域。

(2)单击"开始"选项卡"样式"组中的"条件格式"。

(3)用鼠标指向"数据条",在下一级菜单中选择一种数据条样式。

5)使用图标集设置单元格的格式

操作步骤如下。

(1)选中要设置格式的单元格区域。

(2)单击"开始"选项卡"样式"组中的"条件格式"。

(3)用鼠标指向"图标集",在下一级菜单中选择一种图标集样式。

6)仅对高于或低于平均值的数值设置格式

操作步骤如下。

(1)选中要设置格式的单元格区域。

(2)单击"开始"选项卡"样式"组中的"条件格式"。

(3)用鼠标指向"项目选取规则",在下一级菜单中选择一种项目规则,如"值最大的 10 项"。

(4)打开"值最大的 10 项"对话框,设置条件值和格式后,单击"确定"按钮。

4. 使用样式

样式中包括了前面所述的所有格式化操作,即数字、字体、对齐、边框、图案、保护等的固定设置。操作步骤如下。

(1)选中需要使用样式的单元格或单元格区域。

(2)在"开始"选项卡的"样式"组中,单击"单元格样式"按钮,显示内置样式列表。

(3)在内置样式列表中,单击要应用的单元格样式。

5. 自动套用格式

操作步骤如下。

(1)选择要套用格式的工作表。

(2)在"开始"选项卡的"样式"组中,单击"套用表格样式"按钮,显示内置表样式列表。

(3)选择一种样式即可。

6. 使用模板

操作步骤如下。

(1)单击"文件"选项卡,再单击"新建"按钮,在"主页"下单击"样本模板",在列表中选择一种模板,在右栏显示该模板的预览效果。单击"创建"按钮,新建一个带样式的标准工作簿。

(2)在中栏"Office.com 模板"列表中选择一种模板类型,在该模板类型下选择一种模板。单击"下载"按钮即可从网站上下载该模板。

(3) 将该工作簿中的示例数据更改为将填写的数据。

4.1.4 单元格绝对地址和相对地址的概念

1. 单元格引用

单元格地址有相对引用、绝对引用、混合引用等 3 种类型。

相对引用仅包含单元格的列标与行号,是 Excel 默认的单元格引用方式。

绝对引用是在列标与行号前均加上美元符号"$"的引用。

混合引用是在列标或行号前加上美元符号"$"的引用。

2. 工作表中公式的输入和复制

1) 公式的输入

编辑公式就像编辑单元格中的数据一样。可以使用以下 2 种方法编辑公式。

(1) 双击公式所在的单元格,在单元格中直接输入要改变的内容,然后按"Enter"键。

(2) 单击公式所在的单元格,在"编辑栏"中输入要改变的内容,然后单击"编辑栏"上的"输入"按钮或按"Enter"键。

2) 公式的复制

对于相对引用的公式,当复制或移动时,系统根据移动的位置自动调节公式中的相对引用。例如,C2 单元格中的公式是"= A2+B2",如果将 C2 单元格中的公式复制到 C3 单元格,那么系统会自动将 C3 单元格中的公式调整为"= A3+B3"。

对于绝对引用的公式,当复制或移动时,系统不会改变公式中的绝对引用。例如,若 C2 单元格中的公式是"= $A$2+$B$2",则将 C2 单元格中的公式复制到 C3 单元格时,C3 单元格中的公式仍然为"= $A$2+$B$2"。

对于混合引用的公式,当复制或移动时,系统改变公式中的相对部分(不带"$"者),不改变公式中的绝对部分(带"$"者)。例如,若 C2 单元格中的公式是"= $A2+B$2",当将 C2 的公式复制到 C3 单元格时,C3 单元格的公式变为"= $A3+C$2"。

3. 常用函数的使用

函数是 Excel 的内置公式,函数可用来进行简单的或者复杂的计算。函数由函数名和括号内的参数组成。其中,参数可以是一个单元格、单元区域或一个数值。多个参数之间用","分开。函数的使用步骤如下。

(1) 选定待存放结果的单元格。

(2) 单击编辑栏上的"插入函数"按钮,出现"插入函数"对话框。

(3) 在该对话框中选择所需的函数(注:当选定某个函数时,在对话框上会出现该函数作用的解释),单击"确定"按钮或单击编辑工具栏上的"输入"按钮。

常用函数如下。

(1) SUM:求单元区域所有数字之和。

(2) MOD:求两数相除的余数。

(3) SUMIF:根据指定条件对若干单元格求和。

(4) AVERAGE:求单元区域所有数字之平均值。

(5) COUNT:求单元区域所有数字之个数。

（6）MAX：求单元区域所有数字之最大值。

（7）MIN：求单元区域所有数字之最小值。

4.1.5 图表的建立、编辑、修改以及修饰

1. 图表的建立

建立图表的操作步骤如下。

（1）将鼠标指针放在数据区域的任一空单元格上，按"F11"键，Excel 会自动新建一个图表工作表（默认表名为 Chart1），并在其中产生一个默认的空图表，同时显示"图表工具"选项卡。

（2）如有必要，单击工作表 Chart1 标签。

（3）单击"图表工具"选项卡"设计"子选项卡"数据"组中的"选择数据"按钮，打开"选择数据源"对话框。

（4）在"图表数据区域"框中输入要建立图表的数据源区域。或者，依次单击"图表数据区域"框中的"压缩对话框"按钮及数据源工作表标签，选择单元格区域，再单击"展开对话框"按钮。

Excel 自动将数据源区域中的列标签添加到"图例项（系列）"框中，将行标签添加到"水平（分类）轴标签"框中。

（5）如有必要，可单击或改变图例项的次序；或单击"切换行/列"按钮，交换图例项和水平轴标签。满意后，单击"确定"按钮。

Excel 在空图表中添加图表，默认为柱状图。

（6）单击"图表工具"选项卡"布局"子选项卡"标签"组中的按钮，设置图表标题、坐标轴标题、坐标轴、图例位置等。

2. 图表的编辑、修改以及修饰

当数据源发生变化时，图表会自动发生相应变化。若用户对现有图表不满意，则可对图表进行编辑。这些内容包括指定特定区域的数据图表、调整图表的位置和大小、添加或删除图表数据和更改图表类型等。这些内容大多可在"图表工具"功能区中进行更改。

"图表工具"选项卡有"设计""布局"和"格式"等 3 个子选项卡。图表的建立、修改主要在"设计"子选项卡上进行，如图 4.2 所示。图表的编辑主要在"布局"子选项卡上进行，如图 4.3 所示。图表的修饰主要在"格式"子选项卡上进行，如图 4.4 所示。

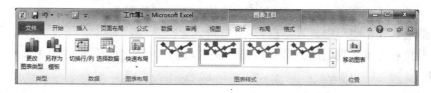

图 4.2 "图表工具"选项卡"设计"子选项卡

编辑特定区域的数据图表的步骤如下。

（1）单击图表中的空白区域，选定绘图区。

（2）单击图表之内的坐标之间的空白区，选定绘图区。

图 4.3 "图表工具"选项卡"布局"子选项卡

图 4.4 "图表工具"选项卡"格式"子选项卡

(3) 单击图表中某个系列中的一个图项,选定数据系列。

(4) 单击系列中某个数据点,选定数据点。

调整嵌入数据的位置和大小的步骤如下。

(1) 在图表上单击以选定该图表。

(2) 在图表上按住鼠标左键,将图表拖动到指定位置后松开鼠标按键。

4.1.6 数据清单

1. 数据清单的概念

数据清单是包含相关数据的一系列工作表数据行。数据清单可以像数据库一样使用,其中行表示记录,列表示字段。数据清单的第一行中含有列的标记——每一列中内容的名称,表明该列中数据的实际意义。

2. 建立数据清单的规则

1) 数据清单的大小和位置

在规定数据清单大小及定义数据清单位置时,应遵循以下规则。

(1) 避免在一个工作表上建立多个数据清单。因为数据清单的某些处理功能(如筛选等)一次只能在同一个工作表的一个数据清单中使用。

(2) 在工作表的数据清单与其他数据间至少留出一个空白列和空白行。在执行排序、筛选或插入自动汇总等操作时,有利于 Excel 检测和选定数据单。

(3) 避免在数据清单中放置空白行、空白列。

(4) 避免将关键字数据放到数据清单的左右两侧,因为这些数据在筛选数据清单时可能被隐藏。

2) 列标志

在工作表上创建数据清单,使用列标志应注意以下事项。

(1) 在数据清单的第一行里创建列标志,Excel 将使用这些列标志创建报告,并查找和组织数据。

(2) 列标志使用的字体、对齐方式、格式、图案、边框和大小样式,应当与数据清单中的其他数据的格式相区别。

（3）如果将列标志和其他数据分开，应使用单元格边框（而不是空格和短画线）在标志行下插入一条直线。

3）行和列内容

在工作表上创建数据清单，输入行和列的内容时应该注意，当设计数据清单时，应使用同一列中的各行有近似的数据项。

3. 数据的排序

1）使用"升序"按钮或"降序"按钮对数字数据进行简单排序

操作步骤如下。

（1）单击工作表中存放数据的任意单元格或单击用于排序的第一个单元格。

（2）单击"数据"选项卡"数据和筛选"组中的"升序"按钮或"降序"按钮。

2）对文本进行排序

操作步骤如下。

（1）选择单元格区域中的一列字母数字数据，或者确保活动单元格在包含字母数字数据的表列中。

（2）单击"开始"选项卡"编辑"组中的"排序和筛选"按钮。

（3）若要按字母数字的升序排序，则单击"升序"按钮；若要按字母数字的降序排序，则单击"降序"按钮。

或者，直接单击"数据"选项卡"数据和筛选"组中的"升序"按钮、"降序"按钮。

（4）如果要执行区分大小写的排序，则按下列步骤操作。

① 单击"开始"选项卡"编辑"组中的"排序和筛选"按钮，然后单击"自定义排序"命令，打开"排序"对话框。

或者，单击"数据"选项卡"数据和筛选"组中的"排序"按钮，打开此对话框。

② 在"排序"对话框中，单击"选项"按钮。

③ 在"排序选项"对话框中，选中"区分大小写"复选框。

④ 单击"确定"按钮两次。

3）按单元格颜色、字体颜色或图标进行排序

操作步骤如下。

（1）选择单元格区域中的一列数据，或者确保活动单元格在表列中。

（2）单击"开始"选项卡"编辑"组中的"排序和筛选"按钮，然后单击"自定义排序"命令，打开"排序"对话框。

（3）在"列"下的"排序依据"框中，单击需要排序的列。

（4）在"排序依据"下，选择排序类型。若要按单元格颜色排序，则选择"单元格颜色"；若要按字体颜色排序，则选择"字体颜色"；若要按图标集排序，则选择"单元格图标"。

（5）在"次序"下，单击该按钮旁边的箭头，然后根据格式的类型，选择单元格颜色、字体颜色或单元格图标。

（6）在"次序"下，选择排序方式。若要将单元格颜色、字体颜色或图标移到顶部或左侧，对列进行排序，则选择"在顶端"；对行进行排序，则选择"在左侧"。

若要将单元格颜色、字体颜色或图标移到底部或右侧，对列进行排序，则选择"在底端"；

对行进行排序,则选择"在右侧"。

(7) 若要指定作为排序依据的下一个单元格颜色、字体颜色或图标,则单击"添加条件",然后重复步骤(3)~(5)。

确保在"然后依据"框中选择同一列,并且在"次序"下进行同样的选择。

对要包括在排序中的每个额外的单元格颜色、字体颜色或图标,重复上述步骤。

4. 数据的筛选

操作步骤如下。

(1) 单击工作表中存放数据的任意单元格。

(2) 单击"数据"选项卡"数据和筛选"组中的"筛选"按钮。或者,单击"开始"选项卡"编辑"组中的"排序和筛选"按钮,然后单击"筛选"命令。

(3) 单击每个筛选箭头,直接选择符合条件的字段,单击"确定"按钮。

(4) 选择菜单中的某个带省略号的命令,或单击菜单底部的"自定义筛选"项,弹出"自定义自动筛选方式"对话框。在该对话框中输入筛选条件(条件中可以包含"与""或"运算),最后单击"确定"按钮。

5. 数据的分类汇总

操作步骤如下。

(1) 按分类字段排序后,单击存放数据的任意单元格。

(2) 单击"数据"选项卡"分级显示"组中的"分类汇总",打开"分类汇总"对话框。

(3) 在"分类字段"下拉列表中选择分类字段,这个字段必须是排序关键字段。

(4) 在"汇总方式"下拉列表框中,选择用来计算分类汇总的汇总函数,有求和、平均值、计数、最大值、最小值等。

(5) 在"选定汇总项"列表框中,选中要计算分类汇总值字段名前的复选框。

如果选择"替换当前分类汇总"复选框,则前面分类汇总的结果被删除,以最新的分类汇总结果取代,否则再增加一个分类汇总结果。

选择"每组数据分页"复选框,分类汇总后在每组数据后自动插入分页符,否则不插入分页符。

如果选择"汇总结果是否在数据下方"复选框,则汇总结果放在数据下方,否则放在数据上方。

(6) 单击"确定"按钮,系统进行分类汇总。

6. 数据合并

按位置进行合并计算,就是按同样的顺序排列所有工作表中的数据并将它们放在同一位置中。操作步骤如下。

(1) 了解各待合并的子工作表中的数据,为合并报表做准备。

(2) 在包含要显示在主工作表的合并数据的单元格区域中,单击左上方的单元格。

(3) 单击"数据"选项卡"数据工具"组中的"合并计算"按钮,打开"合并计算"对话框。

(4) 在"函数"框中,选择用来对数据进行合并计算的汇总函数。

(5) 如果工作表在另一个工作簿中,则单击"浏览"按钮找到文件,并将其打开,然后单击"确定"按钮以关闭"浏览"对话框。

（6）在"引用位置"列表框中输入后面跟感叹号的文件路径，为区域指定的名称，然后单击"添加"按钮。

（7）确定希望如何更新合并计算。

若要设置合并计算，以便它在源数据改变时自动更新，则选中"创建连至源数据的链接"复选框。

若要设置合并计算，以便可以通过更改合并计算中包括的单元格和区域来手动更新合并计算，则清除"创建连至源数据的链接"复选框。

（8）单击"确定"按钮。Excel 将源区域中的数据合并计算到主工作表中。

7. 数据透视表的建立

数据透视表是一种交互的、交叉制表的 Excel 报表，用于对多种来源（包括 Excel 的外部数据）的数据（如数据库记录）进行汇总和分析。

数据透视表的主要用途有以下 6 个方面。

（1）以多种用户友好方式查询大量数据。

（2）对数值数据进行分类汇总和聚合，按分类和子分类对数据进行汇总，创建自定义计算和公式。

（3）展开或折叠要关注结果的数据级别，查看感兴趣区域汇总数据的明细。

（4）将行移动到列或将列移动到行（或"透视"），以查看源数据的不同汇总。

（5）对最有用和最受关注的数据子集进行筛选、排序、分组和有条件地设置格式，使我们能够关注所需的信息。

（6）提供简明、有吸引力并且带有批注的联机报表或打印报表。

4.1.7　打印设置

1. 页面设置

在"页面布局"选项卡"页面设置"组中，可设置纸张大小与方向、页边距、打开区域等。单击"页面布局"选项卡"页面设置"组右下角的"对话框启动器"，弹出"页面设置"对话框。在该对话框中选择"页面"选项卡，可以选择打印方向、缩放比例、纸张大小、打印质量以及起始页码等。

2. 工作表打印

单击"文件"选项卡，再单击"打印"。在此窗口可以进行必要设置，如打印份数、打印机、页面范围、单面打印/双面打印、纵向、横向、页面大小与页边距等。

4.1.8　保护和隐藏工作簿与工作表

1. 保护工作表

依次单击"文件"选项卡、"信息"选项、"保护文档"按钮，在下拉列表中选择一种保护措施（如用密码进行加密），就会打开相应的对话框或任务窗格，在其中按要求设置即可。

2. 隐藏工作表

隐藏工作表有以下 2 种方法。

（1）在"工作表标签行"上选择一张工作表标签，然后单击鼠标右键，在弹出的菜单中选择"隐藏"。

（2）选择一张需要隐藏的工作表，进入"开始"选项卡，在"单元格"选项组中选择"格式"按钮，在弹出的下拉列表中选择"可见性"组中的"隐藏和取消隐藏"菜单中的"隐藏工作表"命令。

4.2　案 例 分 析

例 4.1　在 Excel 的单元格中，当输入的数字过长时，按回车键确认后，单元格内将显示数字的前几项，为了使其显示数字的后几项，用户可以 _____。

A）按 Tab 键　　　　　　　　　B）按回车键

C）拖动鼠标调整单元格的宽度　　　D）拖动鼠标调整单元格的高度

答：C。

知识点：单元格数据显示；单元格行高、列宽设置。

分析：本题要求调整的是列宽，因此，在 Excel 的单元格中，当输入的数字过长时，按回车键确认后，单元格内将显示数字的前几项，为了使其显示数字的后几项，用户可以拖动鼠标调整单元格的宽度。

例 4.2　若要填写一系列数字，比如 2、4、6、8，则键入第一个数字，将光标移动到单元格右下角，然后从上往下拖动（或拖过），能否实现？

答：不能。

知识点：填充柄；数据序列。

分析：对于数字，必须为 Excel 提供所需操作的更多提示。在一个单元格中键入第一个数字，在相邻单元格中键入下一个数字，然后按"Enter"键或"Tab"键。同时选中这两个单元格，将光标放在单元格的右下角，直到它变为黑色加号，然后拖动才能实现。

例 4.3　在 Excel 中，将工作表的相对引用 D2＝B2 * C2 的公式复制到 D3 单元格中，公式会变成_____。

A）＝B2 * C2　　　　B）＝B3 * C3　　　　C）B4 * C4　　　　D）B5 * C

答：B。

知识点：公式；单元格地址与引用。

分析：单元格引用有相对引用、绝对引用、混合引用等 3 种类型。相对引用仅包含单元格的列号与行号，如 A1、B4。相对引用是 Excel 默认的单元格引用方式。当复制或移动公式时，系统根据移动的位置自动调整公式中的相对引用。例如，若 D2 单元格中的公式是"＝B2＋C2"，将 D2 的公式复制到 D3 单元格，则 C3 单元格的公式就自动调整为"＝B3＋C3"。

绝对引用是在列号与行号前均加上"＄"符号，如＄A＄1、＄B＄4。当复制或移动公式时，系统不会改变公式中的绝对引用。例如，若 C2 单元格中的公式是"＄A＄2＋＄B＄2"，将 C2 的公式复制到 C3 单元格，则 C3 单元格的公式仍然为"＄A＄2＋＄B＄2"。

混合引用在列号和行号之前加上"＄"符号，如＄A1、＄B4。当复制或移动公式时，系统会改变公式中的相对部分（不带"＄"者），不改变公式中的绝对部分（带"＄"者）。例如，若

C2 单元格中的公式是"＄A2＋B＄2"，要将 C2 的公式复制到 C3 单元格，则 C3 单元格的公式变为"＄A3＋C＄2"。

例4.4　在工作表单元格输入合法的日期，下列日期中不正确的输入是_____。

A) 7/3/13　　　　B) 2013-6-8　　　C) 6-8-2013　　　D) 2013/6/6

答：C。

知识点：日期类型数据。

分析：输入日期格式有以下 6 种："月/日"；"月-日"；"月 日"；"年/月/日"；"年-月-日"；"年月日"。

按前 3 种格式输入，默认的年份是系统时钟的当前年份，显示形式是"月日"。按后 3 种格式输入，年份可以是 2 位（00～29 表示 2003～2029，30～99 表示 1930～1999），也可以是 4 位，显示格式是"年-月-日"，显示年份是 4 位。按"Ctrl＋；"组合键，就输入系统时钟的当前日期。

例4.5　可使用_____选项卡来进行数学运算。

A)"公式"选项卡　　　　　　　　B)"开始"选项卡

C) 任意选项卡　　　　　　　　　D)"数据"选项卡

答：C。

知识点：功能区；数学运算。

分析：如果认真研究 Excel 功能区，就会发现在任何选项卡中工作时都可进行数学运算。

例4.6　在工作表某单元格输入公式"＝A3＊100－B4"，则该单元格的值_____。

A) 为单元格 A3 的值乘以 100，再减去单元格 B4 的值，在得到计算结果后，该单元格的值不再变化

B) 为单元格 A3 的值乘以 100，再减去单元格 B4 的值，该单元格的值会随着单元格 A3 或 B4 的值的变化而变化

C) 为 A3 的值乘以 100，再减去 B4 的值，其中 A3 与 B4 分别代表某个变量的值

D) 为空，因为该公式非法

答：B。

知识点：函数；公式；单元格地址引用。

分析：Excel 中的公式可以是一个或多个运算，也可以是一个 Excel 内部函数。输入完公式后，系统自动在单元格内显示计算结果。如果公式中有单元格引用，则当相应单元格中的数据变化时，公式的计算结果也随之变化。

例4.7　Excel 中可以创建两种图表：嵌入式图表和图形图表，下面关于这两种图表的描述，正确的是_____。

A) 嵌入式图表建立在工作表之外，与数据分开显示

B) 图形图表置于工作表之内，便于同时观看图表及其相关工作表

C) 嵌入式图表置于工作表之内，便于同时观看图表及其相关工作表

D) 嵌入式图表和图形图表都是以图表的方式表示数据，两者没什么区别

答：B。

知识点：数据透视表、数据透视图。

分析:将工作表中的数据制作成图表的方法有 2 种:① 在工作簿中建立一个单独的图表工作表,它适用于显示或打印图表,而不涉及相应工作表数据情况;② 在原数据工作表中嵌入图表,可以同时观看图表及其相关工作表。

例 4.8　在 Excel 中按下列要求建立数据表和图表,具体要求如下。

(1) 将下列某种药品成分构成情况的数据建成一个数据表(存放在 A1:C5 的区域内),并计算出各类成分所占比例(保留小数点后面 3 位),其计算公式是:

$$比例=含量(mg)/含量的总和(mg)$$

其数据表保存在 Sheet1 工作表中,如表 4.1 所示。

表 4.1　某种药品成分构成数据表

成分	含量/mg	比例
碳	0.02	
氢	0.25	
镁	1.28	
氧	3.45	

(2) 对建立的数据表建立分离型三维饼图,图表标题为"药品成分构成图表",并将其嵌入到工作表的 A7:E17 区域中。

(3) 将工作表 Sheet1 更名为"药品成分构成表"。

答:本例所涉及的知识点有:公式、自动填充公式;图表等。分析与操作步骤如下。

(1) 打开 Excel,在工作表 Sheet1 的 A1:C5 中输入指定的数据。双击工作表标签,当标签呈黑色时,输入新的工作表名"药品成分构成表"。

(2) 在 B6 中输入公式"=B2+B3+B4+B5"或"=SUM(B2:B5)",或用自动求和按钮,或用函数,计算出含量的总和,如图 4.5 所示。

(3) 在 C2 中输入公式"=B2/\$B\$6",并确认,求出碳的比例,如图 4.6 所示;拖放 C2 的填充柄至 C6,求出各种成分的比例,如图 4.7 所示。

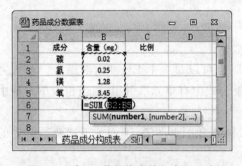
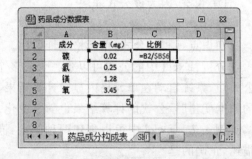

图 4.5　在 B6 单元格中输入求和公式　　　图 4.6　在 C2 中输入公式"=B2/\$B\$6"

(4) 在"插入"选项卡"图表"组中单击"饼图"按钮,在饼图图表类型列表中选择"分离型三维饼图",如图 4.8 所示;在"图表工具"选项卡"设计"子选项卡"数据"组中单击"选择数据"按钮,打开"选择数据源"对话框,选择数据区域 A1:C5,如图 4.9 所示。单击"确定"按钮,在当前工作表中插入饼图。

(5) 选中图表标题,将其更改为"药品成分构成图表",如图 4.10 所示。

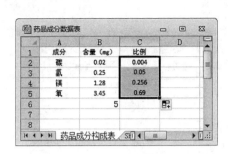

图 4.7 使用填充柄

图 4.8 饼图

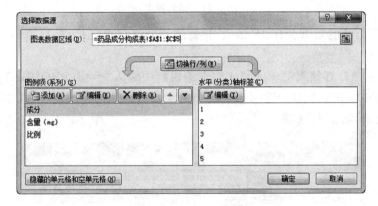

图 4.9 "选择数据源"对话框

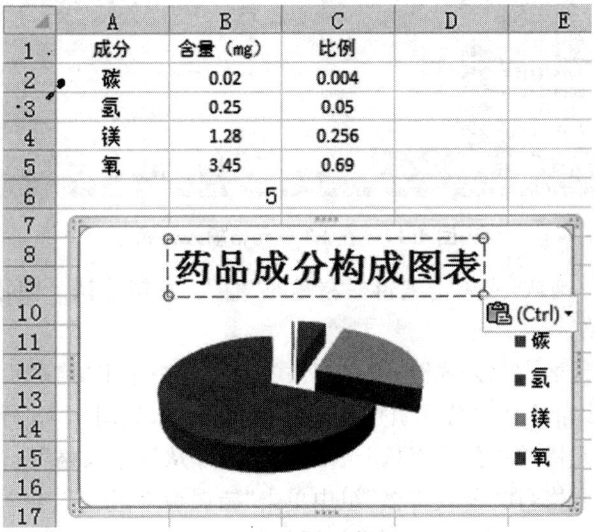

图 4.10 完成后的饼图

如果图表中没有显示标题,则在"图表工具"选项卡"布局"子选项卡"标签"组中单击"图表标题",在下拉列表中选择"图表上方"命令。

(6)拖动图表到指定的位置,并改变相应的大小,放在 A7：E17 的区域中。

例 4.9 为避免表格中公式计算错误,应先检查或对公式进行审核等相关操作。以图 4.11 所示的销售报表为例说明操作步骤。

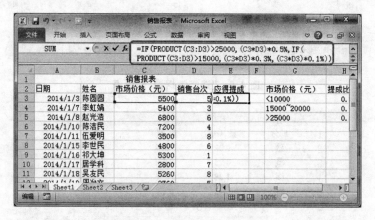

图 4.11 销售报表

答:本例所涉及的知识点有:IF 函数;追踪引用和从属单元格;监控窗口。分析与操作步骤如下。

(1) 选择存放计算结果的单元格 E3,在编辑栏中输入"=IF(PRODUCT(C3:D3)>25000,(C3 * D3) * 0.5%,IF(PRODUCT(C3:D3)>15000,(C3 * D3) * 0.3%,(C3 * D3) * 0.1%))"公式,如图 4.12 所示。

图 4.12 在 E3 单元格输入公式

(2) 按"Enter"键确认,或单击编辑栏左侧的"输入"按钮确认。使用填充柄的方法拖动填充 E 列其他单元格。

(3) 选择 E3 单元格,在"公式"选项卡"公式审核"组中单击"追踪引用单元格"按钮。这时,可看到标记了 E3 单元格中公式引用 C3 和 D3 单元格,如图 4.13 所示。

(4) 选择 C6 单元格,在"公式审核"组中单击"追踪从属单元格"按钮,如图 4.14 所示。

(5) 选择 E4 单元格,在"公式审核"组中单击"错误检查"按钮。

如果单元格中的公式没有错误,则显示"Microsoft Excel"对话框,说明已经完成了对整个工作表的错误检查,单击"确定"按钮。

如果单元格中的公式存在错误,则打开"错误检查"对话框,如图 4.15 所示。

(6) 单击"从上部复制公式"按钮,系统从 E3 单元格中复制公式到 E4 单元格,并显示"Microsoft Excel"对话框,单击"确定"按钮,完成对公式的修改。

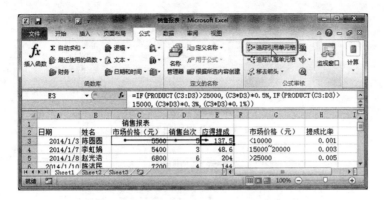

图 4.13 "公式审核"组"追踪引用单元格"

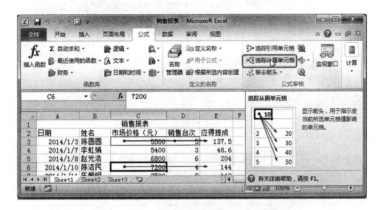

图 4.14 "公式审核"组"追踪从属单元格"

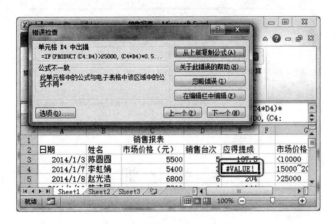

图 4.15 "错误检查"对话框

（7）在"公式"选项卡"公式审核"组中单击"监视窗口"按钮，打开"监视窗口"对话框，单击"添加监视"命令，如图 4.16 所示。

（8）打开如图 4.17 所示的"添加监视点"对话框，输入监视区域（或在工作表中通过拖动鼠标左键选择），单击"添加"按钮。

（9）返回"监视窗口"对话框，监视窗口在工作簿中始终处于可见状态，在监视区域显示出工作表中输入的公式，如图 4.18 所示。

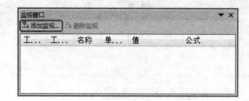

图 4.16　"监视窗口"对话框

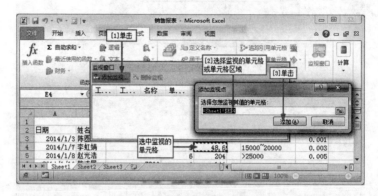

图 4.17　"添加监视点"对话框

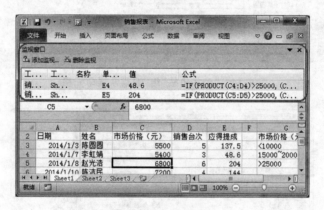

图 4.18　监视窗口

4.3　强化训练

一、选择题

1. Excel 工作簿的后缀为＿＿＿＿。

　A）.exl　　　　B）.xcl　　　　C）.xlsx　　　　D）.xel

2. 在 Excel 环境中用来存储和处理工作数据的文件称为＿＿＿＿。

　A）工作簿　　　B）工作表　　　C）图表　　　D）数据库

3. 在 Excel 中,一个工作表最多可含有的行数是＿＿＿＿。

　A）255　　　　B）256　　　　C）1048576　　　D）任意多

4. Excel 提供了公式以及大量的函数用于实现对数据的各种计算,以下不能构成复杂公式的运算符是_____。

A) 函数运算符　　B) 比较运算符　　C) 引用运算符　　D) 连接运算符

5. 在 Excel 工作表中,日期型数据"2013 年 11 月 21 日"的正确输入形式是_____。

A) 2013-11-21　　B) 2013.11.21　　C) 2013,11,21　　D) 2013:11:21

6. 在 Excel 工作表中,单元格区域 D2:E4 所包含的单元格个数是_____。

A) 5　　　　　　B) 6　　　　　　C) 7　　　　　　D) 8

7. 在 Excel 工作表中,选定某单元格,单击"开始"选项卡"单元格"组中的"删除"按钮,不可能完成的操作是_____。

A) 删除该行　　　　　　　　B) 右侧单元格左移

C) 删除该列　　　　　　　　D) 左侧单元格右移

8. 若要在 Excel 中进行数学运算,应首先键入_____。

A) 括号　　　　　B) 数字　　　　　C) 一个等号　　　D) 一个百分号

9. 在 Excel 工作表的某单元格内输入数字字符串"456",正确的输入方式是_____。

A) 456　　　　　B) '456　　　　　C) =456　　　　　D) "456"

10. 在 Excel 工作表中,在 C2 中有数值 12,在 C3 单元格的编辑区输入公式"=C2＋$C$2",单击"确认"按钮,C3 单元格的内容为_____。

A) 22　　　　　　B) 24　　　　　　C) 26　　　　　　D) 28

11. 在 Excel 中,关于工作表及为其建立的嵌入式图表的说法,正确的是_____。

A) 删除工作表中的数据,图表中的数据系列不会删除

B) 增加工作表中的数据,图表中的数据系列不会增加

C) 修改工作表中的数据,图表中的数据系列不会修改

D) 以上三项均不正确

12. Excel 中对单元格的引用有_____、绝对引用和混合引用。

A) 存储地址　　　B) 活动地址　　　C) 相对引用　　　D) 循环地址

13. 在 Excel 工作表中,单元格 C4 中有公式"=A3＋$C$5",在第 3 行之前插入一行之后,单元格 C5 中的公式为_____。

A) =A4＋$C$6　　　　　　B) =A4＋$C$5

C) =A3＋$C$6　　　　　　D) =A3＋$C$5

14. 在 Excel 中设 F1 单元格中的公式为=A3＋B4,当 B 列被删除时,F1 单元格中的公式将调整为_____。

A) =A3＋C4　　B) =A3＋B4　　C) ＃REF!　　D) =A3＋A4

15. 在 Excel 工作表中,可按需拆分窗口,一张工作表最多拆分为_____。

A) 3 个窗口　　　B) 4 个窗口　　　C) 5 个窗口　　　D) 6 个窗口

16. 在 Excel 工作表中,第 11 行第 14 列单元格地址可表示为_____。

A) M10　　　　　B) N10　　　　　C) M11　　　　　D) N11

17. 在 Excel 工作表中,在某单元格的编辑区输入"(8)",单元格内将显示_____。

A) －8　　　　　B) (8)　　　　　C) 8　　　　　D) ＋8

18. 在 Excel 中,在一个单元格里输入文本时,文本数据在单元格中的对齐方式

是_____。

 A) 左对齐   B) 右对齐   C) 居中对齐   D) 随机对齐

19. 在 Excel 中,将单元格变为活动单元格的操作是_____。

 A) 用鼠标单击该单元格

 B) 将鼠标指针指向该单元格

 C) 在当前单元格内输入目标单元格地址

 D) 没必要,因为每一个单元格都是活动的

20. 在 Excel 工作表中,以下所选单元格区域可表示为_____。

 A) C1:C5   B) C5:B1   C) B1:C5   D) B2:B5

21. 若要删除一列或一行,则在要删除的列或行中单击,然后_____。

 A) 按"删除"按钮

 B) 在"开始"选项卡的"单元格"组中,单击"格式"按钮

 C) 在"开始"选项卡的"单元格"组中,单击"删除"按钮

 D) A、B 都对

22. 若要打印电子表格,应当_____。

 A) 单击"文件"选项卡   B) 在一个单元格中右键单击

 C) 单击"开始"选项卡   D) 单击"视图"选项卡

23. 在 Excel 工作簿中,对工作表不可以进行的打印设置是_____。

 A) 打印区域   B) 打印标题   C) 打印讲义   D) 打印顺序

24. 在 Excel 中,若单元格中的字符串超过该单元格的宽度,下列叙述中不正确的是_____。

 A) 该字符串有可能占用其左侧单元格的空间,将全部内容显示出来

 B) 该字符串可能占用其右侧单元格的空间,将全部内容显示出来

 C) 该字符串可能只在其所在单元格内显示部分内容,其余部分被其右侧单元格中的内容覆盖

 D) 该字符串可能只在其所在单元格内显示部分内容,多余部分被删除

25. 在 Excel 中,要改变工作表的标签,可以使用的方法是_____。

 A) 单击任务栏上的按钮   B) 单击鼠标左键

 C) 双击鼠标左键   D) 双击鼠标右键

26. 在 A1 单元格中输入"3",在 A2 单元格中输入"′5",则取值相同的一组公式是_____。

 A) Average(A1:A2),Average(3,′5′) B) Min(A1:A2),Min(3,″5″)

 C) Max(A1:A2),Max(3,″5″)   D) Count(A1:A2),Count(3,″5″)

27. 新建的图表_____。

A) 只能插入新的工作表里　　　　　　　B) 只能嵌入数据表里

C) 只能保存为图像文件　　　　　　　　D) 可以插入新工作表或嵌入数据表里

28. 在 Excel 中,工作表的列坐标范围是_____。

A) A~IV　　　B) A~XFD　　　C) A~ZA　　　D) A~UI

29. 在 Excel 中,填充柄位于_____。

A) 当前单元格的左下角　　　　　　　　B) 标准工具栏里

C) 当前单元格的右下角　　　　　　　　D) 当前单元格的右上角

30. 在 Excel 中,下面关于单元格的叙述正确的是_____。

A) A4 表示第 4 列第 1 行的单元格

B) 在编辑的过程中,单元格地址在不同的环境中会有所变化

C) 工作表中单元格是由单元格地址来表示的

D) 为了区分不同工作表中相同地址的单元格,可以在单元格前加上工作表的名称

31. 在 Excel 中,下列序列中不属于 Excel 预设的自动填充序列的是_____。

A) 星期一,星期二,星期三,…　　　　B) 一车间,二车间,三车间,…

C) 甲,乙,丙,…　　　　　　　　　　　D) Mon,Tue,Wed,…

32. 在 Excel 中,公式"=$C1+E$1"是_____。

A) 相对引用　　　B) 绝对引用　　　C) 混合引用　　　D) 任意引用

33. 在 Excel 中,使用坐标$D$1引用工作表第 D 列第 1 行的单元格,这称为对单元格地址的_____。

A) 绝对引用　　　B) 相对引用　　　C) 混合引用　　　D) 交叉引用

34. 在 Excel 中,若在 A2 单元格中输入"=8^2",则显示结果为_____。

A) 16　　　B) 64　　　C) =8^2　　　D) 8^2

35. 在 Excel 中,若在 A2 单元格中输入"=56>=57",则显示结果为_____。

A) 56>57　　　B) =56<57　　　C) TRUE　　　D) FALSE

36. 在 Excel 中,公式"=AVERAGE(A1:A4)"等价于下列公式中的_____。

A) =AI+A2+A3+A4　　　　　　　　　　B) =A1+A2+A3+A4/4

C) =(A1+A2+A3+A4)/4　　　　　　　　D) =(A1+A4)\4

37. 在 Excel 中,如果为单元格 A4 赋值 9,为单元格 A6 赋值 4,然后在单元格 A8 中输入公式"=IF(A4>A6,"OK","GOOD")",则 A8 的值应当是_____。

A) OK　　　B) GOOD　　　C) #REF　　　D) #NAME?

38. 在 Excel 中,将 B2 单元格中的公式"=A1+A2−C1"复制到 C3 单元格后,公式变为_____。

A) =A1+A2−C6　　B) =B2+B3−D2　　C) =D1+D2−F6　　D) =D1+D2+D6

39. 在 Excel 中,要在工作簿中同时选择多个不相邻的工作表,依次单击各个工作表标签的同时应该按住_____键。

A) Ctrl　　　B) Shift　　　C) Alt　　　D) Delete

40. 以下不属于 Excel 中数字分类的是_____。

A) 常规　　　B) 货币　　　C) 文本　　　D) 条形码

41. Excel 中,打印工作簿时下列表述错误的是_____。

    A) 一次可以打印整个工作簿

    B) 一次可以打印一个工作簿中的一个或多个工作表

    C) 在一个工作表中可以只打印某一页

    D) 不能只打印一个工作表中的一个区域位置

42. 在 Excel 中要录入身份证号,数字分类应选择_____格式。

    A) 常规　　　　　B) 数字(值)　　　C) 科学记数　　　D) 文本

43. 在 Excel 中要想设置行高、列宽,应选用_____选项卡中的"格式"命令。

    A) 开始　　　　　　B) 插入　　　　　C) 页面布局　　　D) 视图

44. 在 Excel 中,在_____选项卡可进行工作簿视图方式的切换。

    A) 开始　　　　　　B) 页面布局　　　C) 审阅　　　　　D) 视图

45. 在 Excel 中套用表格格式后,会出现_____选项卡。

    A) 图片工具　　　　B) 表格工具　　　C) 绘图工具　　　D) 其他工具

二、填空题

1. 在 Excel 工作表中,当相邻单元格中要输入相同数据或按某种规律变化的数据时,可以使用_____功能实现快速输入。

2. 在 Excel 工作表的单元格 D6 中有公式"=$B$2+C6",将 D6 单元格的公式复制到 C7 单元格内,则 C7 单元格的公式为_____。

3. 在 Excel 工作簿中,Sheet1 工作表第 6 行第 F 列单元格应表示为_____;表示 Sheet2 中的第 2 行第 5 列的绝对地址是_____。

4. 在 Excel 工作表的单元格 E5 中有公式"=E3+$E$2",删除第 D 列后,则 D5 单元格中的公式为_____。

5. 一个工作簿中默认包含_____个工作表,最多可增加到_____个,一个工作表中可以有_____个单元格。

6. Excel 的工作表由 2 行、2 列组成,其中用_____表示行号,用_____表示列标。

7. 在一个单元格内输入公式时,应先键入_____符号。

8. 如果 A1:A5 包含数字 8、11、15、32 和 4,用公式 =MAX(A1:A5)计算,结果为_____。

9. 在 Excel 中,设 A1~A4 单元格的数值为 82、71、53、60,A5 单元格中的公式为"=IF(AVERAGE(A$1:A$4)>=60,"及格","不及格")",则 A5 显示的值为_____。若将 A5 单元格的全部内容复制到 B5 单元格,则 B5 单元格的公式为_____。

10. 在当前工作表中,假设 B5 单元格中保存的是一个公式 SUM(B2:B4),将其复制到 D5 单元格后,公式变为_____;将其复制到 C7 单元格后,公式变为_____;将其复制到 D6 单元格后,公式变为_____。

11. 在 Excel 中,如果要将工作表冻结便于查看,则可以用"视图"选项卡的_____来实现。

12. 在 Excel 中新增"迷你图"功能,可选定数据在某单元格中插入迷你图,同时打开

_____选项卡进行相应的设置。

13. 在 Excel 中，如果要对某个工作表重新命名，可以用"_____"选项卡的"格式"来实现。

14. 在 A1 单元格内输入"130001"，然后按下"Ctrl"键，拖动该单元格填充柄至 A8，则 A8 单元格中的内容是_____。

15. 在 Excel 中，对输入的文字进行编辑是选择_____选项卡。

三、操作题

1. 让新建的工作簿中包含更多工作表。

2. 更改工作表标签的颜色。

3. 让多个用户共享工作簿。

4. 把工作表隐藏起来。

5. 为工作簿设置使用权限。

6. 输入以"0"开头的数据。

7. 自主设定数值小数点位数。

8. 更加直观地输入较长的数据。

9. 同时在多个单元格中输入相同数据。

10. 删除不需要的自定义序列。

11. 让输入的数据自动换行。

12. 解决"＃＃＃＃＃"错误提示。

13. 设置数据垂直显示。

14. 在工作表中将行、列数据进行转置。

15. 为单元格添加标注。

16. 根据所选内容创建名称。

17. 在单元格 A2 到 A9 中输入数字 1～9，B1 到 J1 输入数字 1～9，用公式复制的方法在 B2:J10 区域设计出九九乘法表。

18. 使用"监视窗口"监视公式及其结果。

19. 输入单个单元格数组公式。

20. 使用 SUMIF 函数按给定条件对指定单元格求和。

21. 使用 SYD 函数计算资产和指定期间的折旧值。

22. 分页存放汇总数据。

23. 对单列数据进行分列。

24. 删除重复项。

25. 设置数据有效性。

26. 把制作好的图表作为图片插入到工作表的其他位置。

27. 为图表添加背景。

28. 更改图表类型。

29. 为数据系列创建两根 Y 轴。

30. 让包含列数较多的表格打印在一张纸上。

31. 设置页眉页脚奇偶页不同。

32. 在跨页时每页都打印表格标题。

33. 将表格转换成图片格式。

34. 编辑如下工作表。

序号	存入日	期限	年利率	金额	到期日	本息	银行
1	2013-1-1	5	1000				工商银行
2	2013-2-1	3	2500				中国银行
3		5	3000				建设银行
4		1	2200				农业银行
5		5	1600				农业银行
6		5	4200				农业银行
7		3	3600				中国银行
8		3	2800				中国银行
9		1	1800				建设银行
10		1	5000				工商银行
11		5	2400				工商银行
12		3	3800				建设银行

(1) 建立"银行存款.xlsx"工作簿,按如下要求操作。

① 把上面的表格内容输入到工作簿的 Sheet1 中。

② 填充"存入日",按月填充,步长为 1,终止值为"13-12-1"。

③ 填充"到期日"。

④ 用公式计算"年利率"(年利率＝期限 0.85)和"本息"(本息＝金额(1＋期限年利率/100)),再进行填充。

⑤ 在 I1 和 J1 单元格内分别输入"季度总额""季度总额百分比"。

⑥ 分别计算出各季度存款总额和各季度存款总额占总存款的百分比。

(2) 格式设置。

① 在顶端插入标题行,输入文本"2013 年各银行存款记录",华文行楷、字号 26、加宝石蓝色底纹。将 A1～J1 合并并居中,垂直居中对齐。

② 各字段名格式:宋体、字号 12、加粗、水平、垂直居中对齐。

③ 数据(记录)格式:宋体、字号 12、水平、垂直居中对齐。第 J 列数据按百分比样式,保留 2 位小数。

④ 各列最合适的列宽。

(3) 将修改后的文件命名为"你的名字加上字符 A"并保存。

35. 建立图表,并按下列要求操作。

学生成绩表

班 级	学 号	姓 名	性 别	数学成绩	英语成绩	总成绩	平均成绩
201301	2013000011	张郝	男	60	62		
201302	2013000046	叶志远	男	70	75		
201301	2013000024	刘欣欣	男	85	90		
201302	2013000058	成坚	男	89	94		
201303	2013000090	许坚强	男	90	95		
201302	2013000056	李刚	男	86	65		
201301	2013000001	许文强	男	79	84		
201303	2013000087	王梦璐	女	65	70		
201302	2013000050	钱丹丹	女	73	80		
201302	2013000063	刘灵	女	79	81		
201301	2013000013	康菲尔	女	86	82		
201301	2013000008	康明敏	女	92	96		
201301	2013000010	刘晓丽	女	99	93		

建立工作簿"学生成绩.xlsx",在 Sheet1 中输入上面的表格内容,"总成绩"和"平均成绩"用公式计算获得;在第 3 行和第 4 行之间增加一条记录,其中姓名为你自己的名字,其他任意;将 Sheet1 中的内容分别复制到 Sheet2、Sheet3 和 Sheet4 中。

① 用 Sheet1 工作表中"平均成绩"80 分以上(包括 80 分)的记录建立图表。

② 分类轴为"姓名",数据系列为"数学成绩"和"英语成绩"。

③ 采用折线图的第 4 种。

④ 图例位于右上角,名称为"数学成绩"和"英语成绩",宋体、字号 16。

⑤ 图表标题为"学生成绩",宋体、字号 20、加粗。

⑥ 数值轴刻度:最小值为 60、主要刻度单位为 10、最大值为 100。

⑦ 分类轴和数值轴格式:宋体、字号 12、红色。

4.4 参 考 答 案

一、选择题

1~5:CACDA;   6~10:BDCBB;   11~15:DCACB;   16~20:DAAAC;

21~25:CACDC;   26~30:BDBCC;   31~35:BCABD;   36~40:CABAD;

41~45:DDADB。

二、填空题

1. 填充柄   2. =＄B＄2+B7   3. F6、＄E＄5(次序不能颠倒)

4. ＝D3＋$D$2　　　5. 3、255、41048576(次序不能颠倒)

6. 数字、字母(次序不能颠倒)　　　7. ＝　　　8. 32

9. 及格、＝IF(AVERAGE(B$1：B$4)>＝60,"及格","不及格")(次序不能颠倒)

10. ＝SUM(D2：D4)、＝SUM(C4：C6)、＝SUM(D3：D5)(次序不能颠倒)

11. 冻结窗格　　　12. 图表工具　　　13. 开始　　　14. 130008　　　15. 开始

三、操作题

1. 默认情况下,Excel 在一个工作簿中只有 3 张工作表。我们可以根据需要更改默认的工作表张数,操作步骤如下。

① 依次单击"文件"选项卡、"选项"命令。

② 打开"Excel 选项"对话框,如图 4.19 所示。在左窗格单击"常规"命令,在右窗格设置工作表张数。

③ 单击"确定"按钮。

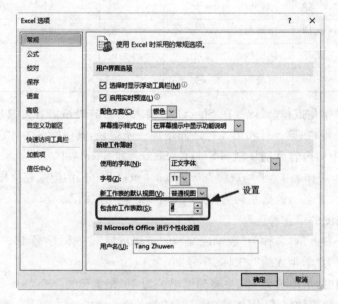

图 4.19　"Excel 选项"对话框

2. 为了方便使用和管理工作表,我们可以为工作表标签设置颜色,使常用的或重要的工作表突出。操作步骤如下。

① 在需要更改颜色的工作表标签上单击鼠标右键。

② 在弹出的快捷菜单中指向"工作表标签颜色"命令,如图 4.20 所示,在颜色面板上选择需要的颜色。

3. 如果需要多人对工作簿进行编辑,那么可以将该工作簿保存为"共享"形式。若不需要他人编辑该工作簿,则可以设置编辑权限。操作步骤如下。

① 在"审阅"选项卡"更改"组中,单击"共享工作簿"按钮。

② 打开"共享工作簿"对话框,如图 4.21 所示,选中"允许多用户同时编辑,同时允许工作簿合并"复选框,单击"确定"按钮。

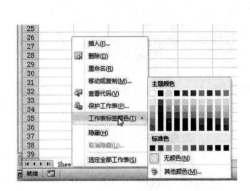

图 4.20 工作表标签右键快捷菜单　　　　　　图 4.21 "共享工作簿"对话框

③ 打开"Microsoft Excel"提示对话框,单击"确定"按钮保存文档,返回到 Excel 窗口。将工作簿共享后,会在标题栏中显示"共享"。

4. 对于重要的工作表,如果不希望别人查看,那么可将工作表隐藏起来。操作步骤如下。

① 在需要隐藏的工作表上单击鼠标右键。

② 在弹出的快捷菜单中单击"隐藏"命令。

5. 为工作簿设置权限后,只有通过权限验证才能访问。为工作簿设置使用权限的操作步骤如下。

① 如图 4.22 所示,依次单击"文件"选项卡、"保存并发送"命令、"保存到 Web"命令、"登录"按钮。

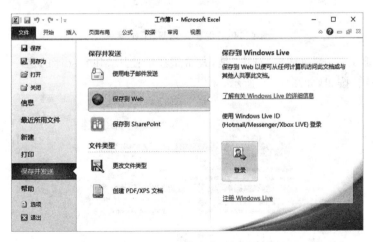

图 4.22 工作簿"文件"选项卡

② 打开"正在连接服务器"对话框(需要等待)。

③ 打开"连接到 docs. live. net"对话框,输入电子邮件地址及密码,如图 4.23 所示。

④ 依次单击"文件"选项卡、"信息"命令,在右窗格中单击"保护工作簿"按钮,在下拉菜单中指向"按人员限制权限"命令,在下一级菜单中选择"限制访问"命令,如图 4.24 所示。

图 4.23 "连接到 docs. live. net"对话框

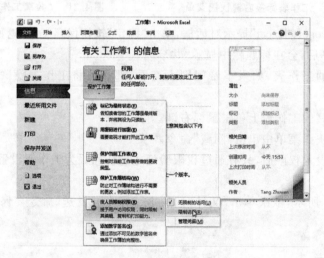

图 4.24 "保护工作簿"下拉菜单

⑤ 打开"服务注册"对话框,选中"是,我希望注册使用 Microsoft 的这一免费服务"单选钮,单击"下一项"按钮,如图 4.25 所示。

图 4.25 "服务注册"对话框

⑥ 打开"Windows 权限管理"对话框，选中"是，我有 Windows Live ID"单选钮，单击"下一步"按钮。

⑦ 在打开的对话框中选择计算机类型，单击"我接受"按钮，在打开的对话框中单击"完成"按钮，关闭对话框。

⑧ 打开"选择用户"对话框，也可以单击"添加"按钮，添加允许编辑此工作表的用户，单击"确定"按钮。

⑨ 返回到"员工登记表"的"文件"选项卡界面，设置权限后，在"保护工作簿"右上角会显示"权限"字样，单击"保存"按钮。

⑩ 单击"开始"选项卡，在界面中显示限制访问条，权限限制后，在本台计算机中可以打开浏览，如果将工作簿发送给朋友或换计算机浏览，则需要输入允许的用户名，否则不能打开。

6. 在使用 Excel 时，经常会遇到输入以"0"开关的数字。如果直接在单元格中输入，Excel 会把它识别成数值型数据丢掉前面的"0"。输入以"0"开头的数据的操作步骤如下。

① 选择需要输入以"0"开头的数字的单元格。

② 在"开始"选项卡"数字"组中单击"数字格式"下拉按钮。

③ 在弹出的列表框中选择"文本"命令。

④ 在单元格中输入以"0"开头的数字后，按"Enter"键确认输入。

7. 为了工作表中数据的准确性，可先设定数值的小数位数，再输入数据。设定数值小数位数的操作步骤如下。

① 选择需要替换的单元格数据。

② 在"开始"选项卡"数字"组中单击右下角的对话框启动器。

③ 打开"设置单元格格式"对话框，如图 4.26 所示，在"数字"选项卡"分类"列表中选择"数值"选项，在右窗格中设置小数位数。

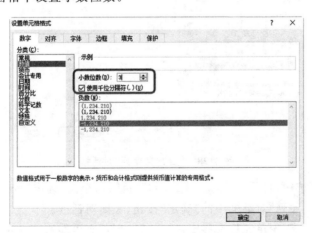

图 4.26 "设置单元格格式"对话框

④ 单击"确定"按钮。

8. 在工作表中除了输入特殊数据需要使用文本格式外，输入较长的数据也需要使用文本格式，这样单元格中的数据才不会发生改变。操作步骤为：将输入法的输入状态调整为"英文"，在单元格中先输入"'"号，再输入数据，按"Enter"键即可。

9. 使用 Excel 时,会遇到需要在多个单元格中输入相同数据的情况。其操作步骤如下。

① 选中要输入相同数据的单元格,输入数据。

② 按"Ctrl ＋ Enter"组合键。

10. 在工作表中输入太多的自定义序列后,对于不经常使用的自定义序列可以删除。操作步骤如下。

① 依次单击"文件"选项卡、"选项"命令,打开"Excel 选项"对话框,如图 4.27 所示。在左窗格选中"高级"选项,在右窗格单击"编辑自定义列表"按钮。

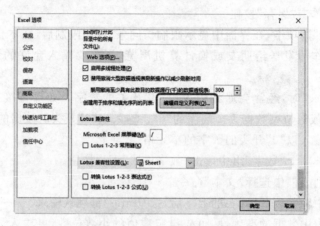

图 4.27　"Excel 选项"对话框

② 打开"自定义序列"对话框,选择需要删除的序列,如图 4.28 所示。

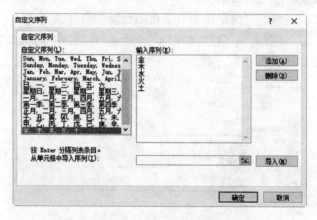

图 4.28　"自定义序列"对话框

③ 单击"删除"按钮,打开"Microsoft Excel"对话框,单击"确定"按钮。

④ 单击"自定义序列"对话框中的"确定"按钮,关闭对话框。

11. 默认情况下,无论单元格有多宽,输入的数据都有可能跨行显示出来。若制作表格时需要文字换行,则需要对单元格进行设置。让输入的数据自动换行的操作步骤如下。

① 输入文字,在"开始"选项卡"对齐方式"组中,单击右下角的对话框启动器。

② 打开"设置单元格格式"对话框,在"文本控制"栏目下选中"自动换行"复选框。

③ 单击"确定"按钮。

12. 在 Excel 中,当列宽不够宽或使用了负的日期、负的时间时,单元格内可能会出现

"＃＃＃＃＃"。解决此问题的操作步骤如下。

将鼠标指针移至出现"＃＃＃＃＃"的列标上,当指针变成 ✛ 形状时,双击鼠标左键即可,或者按下鼠标左键向右拖曳调整列宽。

13．默认情况下,单元格中的文本或数据都是横向显示的,若要在表格一侧垂直显示,则操作步骤如下。

① 选择需要设置垂直显示的单元格区域。

② 在"开始"选项卡"对齐方式"组中,单击右下角的对话框启动器。

③ 打开"设置单元格格式"对话框,如图4.29所示,在"文本控制"栏目下选中"合并单元格"复选框,在右侧"方向"栏下选择文字方向。

④ 单击"确定"按钮。

14．在工作表中,如果将行、列数据存放反了,那么需要通过行、列转置的方法进行调整。操作步骤如下。

① 选择需要进行行、列转置的数据。

② 在"开始"选项卡"剪贴板"组中,单击"复制"按钮。

③ 将鼠标指针定位至需要存放数据的单元格后,在"剪贴板"组中单击"粘贴"按钮,在弹出的列表中选择"转置"命令,如图4.30所示。

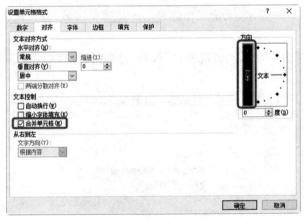

图4.29 "设置单元格格式"对话框

图4.30 "粘贴"按钮

15．对单元格中的一些特殊数据进行强调说明时,可使用批注功能来实现,也可以对修改内容进行注解。操作步骤如下。

① 选择需要进行说明的单元格。

② 在"审阅"选项卡"批注"组中,单击"新建批注"按钮。

③ 插入批注后,在批注框中输入批注内容。

16．如果要创建名称的单元格区域包含标题,可以通过选择包含标题在内的区域自动为新建名称命名。操作步骤如下。

① 选择要定义名称的单元格区域。

② 在"公式"选项卡"定义的名称"组中,单击"根据所选内容创建"按钮。

③ 打开"以选定区域创建名称"对话框,在"以下选定区域的值创建名称"栏下选中"首行"复选框。

④ 单击"确定"按钮。

17. 在单元格 A2 到 A9 中输入数字 1~9,B1 到 J1 中输入数字 1~9,用公式复制的方法在 B2:J10 区域设计出九九乘法表。操作步骤如下。

① 在 B2 单元格中输入公式"=IF($A2<B$1,"",$A2&"×"&B$1&"="&$A2*B$1)"。

② 选中 B2 单元格,向下拖曳填充柄,填充 B3~B10 单元格区域。

③ 选中 B2~B10 单元格区域,向右拖曳填充柄,填充 C2~J10 单元格区域,填充效果如图 4.31 所示。

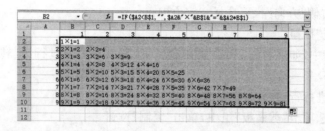

图 4.31 用公式复制方式完成的九九乘法表

18. 在 Excel 中更改公式时,可以通过"监视窗口"来监视某些单元格的值所发生的变化。监视区域的值在单独的监视窗口中显示,无论工作簿显示的是哪个区域,监视窗口始终可见。操作步骤如下。

① 在"公式"选项卡"公式审核"组中,单击"监视窗口"按钮,打开"监视窗口"对话框,如图 4.32 所示。

② 单击"添加监视…"命令,打开"添加监视点"对话框,如图 4.33 所示。

图 4.32 "监视窗口"对话框

图 4.33 "添加监视点"对话框

③ 输入监视区域或者在工作表中拖曳鼠标左键进行选择,单击"添加"按钮,返回"监视窗口"对话框。监视窗口在工作簿中始终处于可见状态,在监视区显示工作表中输入公式,如图 4.34 所示。

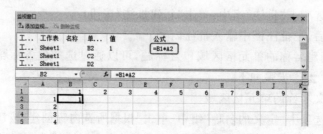

图 4.34 在监视区显示工作表中输入的公式

19. 数组公式是指对两组或多组参数进行多重计算，并返回一种或多种结果，其特点是每个数组参数必须有相同的行和列。输入单个单元格数组公式的操作步骤如下。

① 选择需要输入数组公式的单元格区域，如 d2:d7。

② 在编辑栏中输入公式，如"＝b2:b7＋c2:c7"，如图 4.35 所示。

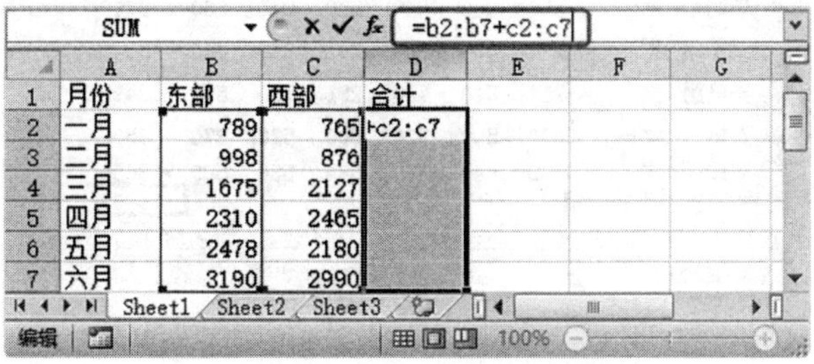

图 4.35　在编辑栏中输入公式

③ 按"Shift＋Ctrl＋Enter"组合键确认。系统会自动用大括号"{}"进行标记"{＝B2:B7＋C2:C7}"，以区别于普通公式，如图 4.36 所示。

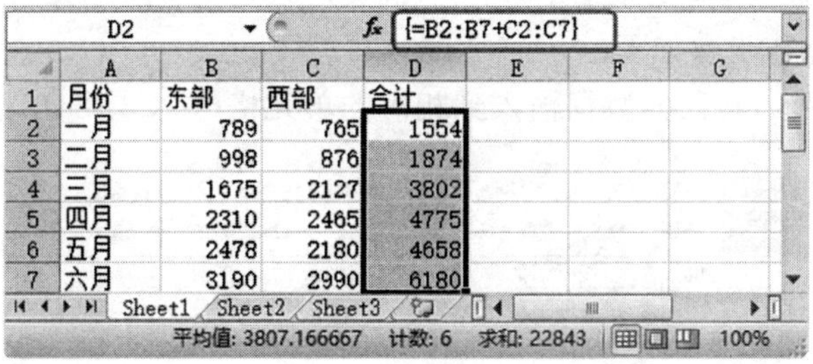

图 4.36　数组公式

20. 如果要对工作表中满足给定条件的单元格数据求和，可以结合 SUM() 函数和 IF() 函数，但使用 SUMIF() 函数可以更快地完成计算。如图 4.37 所示，以计算"所有女员工合计值"为例说明，操作步骤如下。

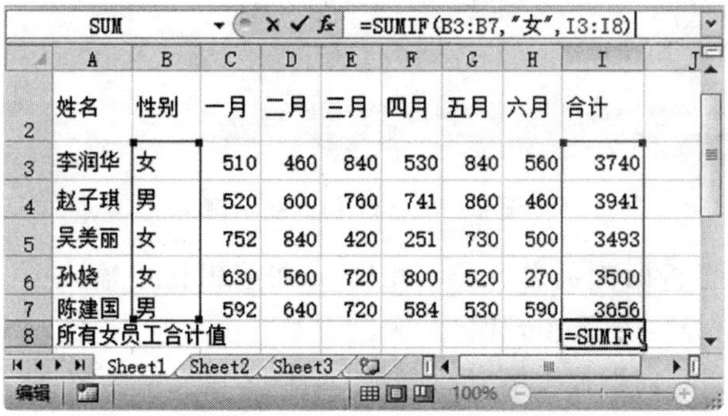

图 4.37　SUMIF() 函数示例

① 选中存放计算结果的单元格，如"I8"单元格。

② 在编辑栏中输入"＝SUMIF(条件区域,条件,计算求和的单元格区域)"，本例为"＝SUMIF(B3:B7,"女",I3:I8)"。

③ 按"Enter"键确认计算结果,如图 4.38 所示。

	I8			f_x	=SUMIF(B3:B7,"女",I3:I8)				
	A	B	C	D	E	F	G	H	I
2	姓名	性别	一月	二月	三月	四月	五月	六月	合计
3	李润华	女	510	460	840	530	840	560	3740
4	赵子琪	男	520	600	760	741	860	460	3941
5	吴美丽	女	752	840	420	251	730	500	3493
6	孙娆	女	630	560	720	800	520	270	3500
7	陈建国	男	592	640	720	584	530	590	3656
8	所有女员工合计值								10733

图 4.38 SUMIF()函数示例的计算结果

21. SYD()函数的作用是固定资产按年限总和折旧法计算的每期折旧金额。SYD()语法为:

SYD(cost,salvage,lift,per)

某公司资产原值 50 000 元,使用 5 年后,现资产残值为 5 000 元,按年度总和折旧法计算每年金额。此例操作步骤如下。

① 如图 4.39 所示,将已知数据输入到相应的单元格(如 C3:C5)。

图 4.39 SYD()函数示例

② 选择存放每年折旧额的单元格(如 D8),在编辑栏中输入公式"=SYD($C$3,$C$4,$C$5,$A8)",按"Enter"键。

③ 单击 D8 单元格,向下拖曳填充柄填充 D9:D12 单元格区域,计算出每年折旧金额。

④ 选择存放每年折旧值之和的单元格(如 D4),在"公式"选项卡"函数库"组中,单击"自动求和"按钮,按"Enter"键,计算出折旧合计值。

22. 在每个分类汇总后插入一个自动分页符,可以实现分页存放汇总数据。操作步骤如下。

① 将鼠标指针定位在排序列的任一单元格(如"销售区域")。

② 在"数据"选项卡"排序和筛选"组中,单击"升序"或"降序"按钮。

③ 在"数据"选项卡"分级显示"组中,单击"分类汇总"按钮,打开"分类汇总"对话框。

④ 如图 4.40 所示,在"分类字段"下拉列表框中选择要汇总的字段(如"销售区域"),在"选定汇总项"列表框中选中要汇总的序列(如"合计"),再勾选"每组数据分页"前面的复选框。

⑤ 单击"确定"按钮,结果如图 4.41 所示。

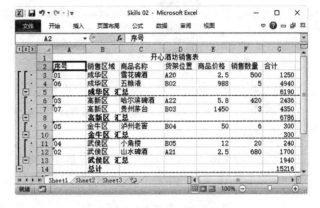

图 4.40 "分类汇总"对话框 　　　　图 4.41 分类汇总结果

23. 分列是将 Excel 一个单元格中的内容根据分隔符分成多个独立的列,以快速将一列单元格拆分。操作步骤如下。

① 如图 4.42 所示,选择 D 列。

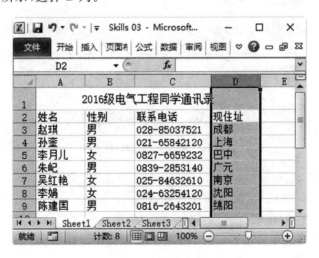

图 4.42 快速拆分列示例

② 在"开始"选项卡"单元格"组中,单击"插入"按钮,在下拉列表中选择"插入工作表列"命令。

③ 选择要分列的 C 列。

④ 在"数据"选项卡"数据工具"组中,单击"分列"按钮,打开文本分列向导对话框,如图4.43 所示。

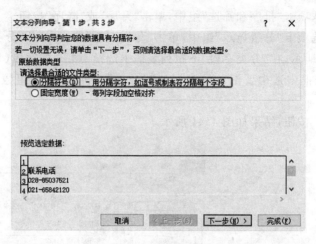

图 4.43 文本分列向导-第 1 步

⑤ 选中单选钮,单击"下一步"按钮。

⑥ 如图 4.44 所示,在"分隔符号"栏中选中"其他"复选框,并输入"-"符号,单击"下一步"按钮。

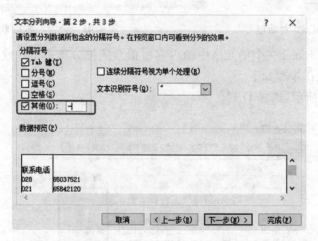

图 4.44 文本分列向导-第 2 步

⑦ 如图 4.45 所示,在"列数据格式"栏中选中"文本"单选钮,单击"完成"按钮。操作完成后,在 C 列留下电话的区号,在 D 列加入电话号码。

24. 重复项是指一行中的所有项与另一行中的所有项完全匹配,它由单元格中显示的值确定,而不必是存储的单元格中的值。删除重复项操作步骤如下。

① 选中数据区,如图 4.46 所示。

② 在"数据"选项卡"数据工具"组中,单击"删除重复项"按钮,打开"删除重复项"对话框。

③ 如图 4.47 所示,在"列"选项中选中"品牌"复选框,单击"确定"按钮。

④ 打开"Microsoft Excel"对话框,如图 4.48 所示,单击"确定"按钮。

25. 向单元格中输入数据时,为了规范数据或防止出错,可以设置数据有效性来规定输入数据的范围。操作步骤如下。

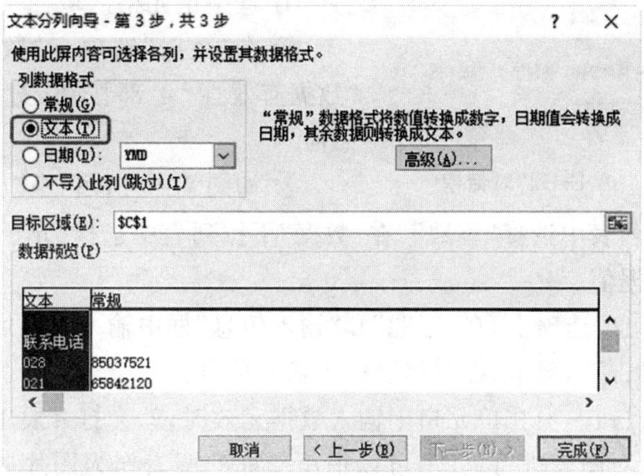

图 4.45 文本分列向导-第 3 步

图 4.46 删除重复项示例

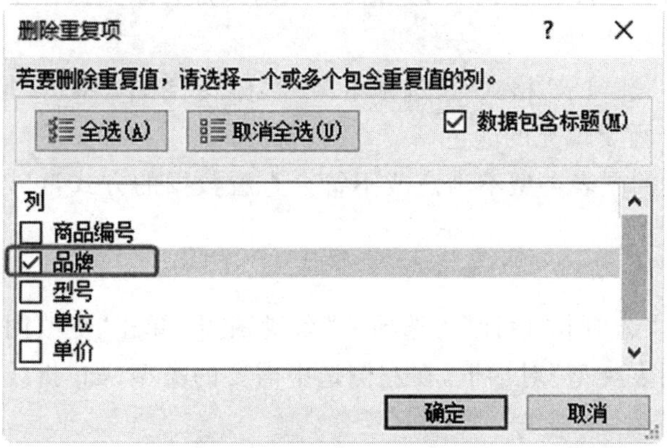

图 4.47 "删除重复项"对话框

图 4.48　"Microsoft Excel"对话框

① 选中单元格区域。

② 在"数据"选项卡"数据工具"组中,单击"数据有效性"上部按钮,打开"数据有效性"对话框。

③ 如图 4.49 所示,在"设置"选项卡"有效性条件"栏"允许"下拉列表中选择"整数",在"数据"下拉列表中选择"介于",在"最小值""最大值"框中分别输入数据值。

④ 单击"输入信息"选项卡,在"标题"和"输入信息"框中输入提示信息。

⑤ 单击"出错警告"选项卡,在"标题"框中输入信息。

⑥ 单击"确定"按钮。当在单元格中输入数据无效时,就会打开要求重新输入的提示。

26. 为防止他人对图表进行更改,可以把制作好的图表作为图片插入到工作表的其他位置。操作步骤如下。

① 选中图表。

② 在"开始"选项卡"剪贴板"组中,单击"剪切"按钮。

③ 单击"Sheet2",单击"开始"选项卡"剪贴板"组中的"粘贴"按钮,在下拉列表中选择"图片"选项,如图 4.50 所示。

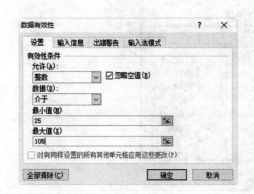

图 4.49　"数据有效性"对话框

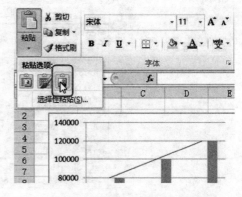

图 4.50　"粘贴"按钮"图片"选项

27. 为了美化图表,可以给图表区域和图形区域添加背景。操作步骤如下。

① 选中图表。

② 在"图表工具"选项卡"格式"子选项卡"形状样式"组中,单击"形状填充"按钮,在弹出的下拉列表中选择需要填充的颜色。

28. 如果对创建的图表类型不满意或不符合查看数据的方式,可以更改图表类型。操作步骤如下。

① 选中图表。

② 在"图表工具"选项卡"设计"子选项卡"类型"组中,单击"更改图表类型"按钮。

③ 打开"更改图表类型"对话框,在左侧选中需要的类型(如"折线图"),在右侧选择一种样式。

④ 单击"确定"按钮。

29. 在 Excel 2010 中创建的图表,默认数据系列都绘制在主坐标轴上。有时,由于数据间差距太大,导致有些数据系列在图表中无法全部显示出来。为了解决这个问题,可以为数据系列创建两根 Y 轴。操作步骤如下。

① 如图 4.51 所示,在折线图表上单击鼠标右键,在快捷菜单中选中"设置数据系列格式"命令。

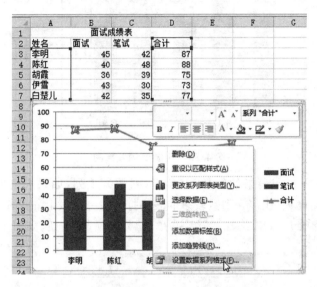

图 4.51　为数据系列创建两根 Y 轴示例

② 打开"设置数据系列格式"对话框,在左侧面板中单击"系列选项",在右侧面板中选中"次坐标轴"单选钮,如图 4.52 所示。

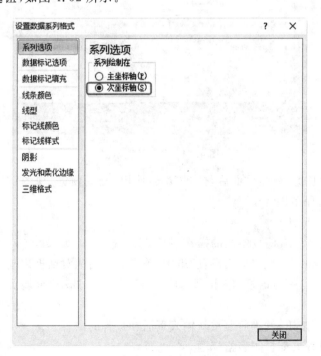

图 4.52　"设置数据系列格式"对话框

③ 单击"关闭"按钮,效果如图 4.53 所示。

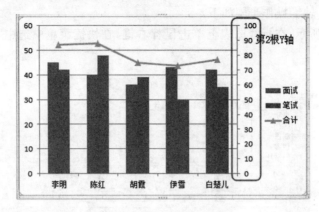

图 4.53　两根 Y 轴效果图

30. 默认情况下,打印表格的行数为 54 行,列数为 1 列,如果表格的列数超过了默认列,则需要进行手动设置,让包含列数较多的表格打印在一张纸上。操作步骤如下。

① 在"视图"选项卡"工作簿视图"组中,单击"分页预览"按钮,如图 4.54 所示。

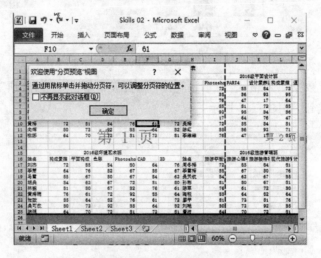

图 4.54　分页预览示例

② 进入"分页预览"视图界面后,打开"欢迎使用'分页预览'视图"对话框,在界面中显示的虚线则表示打印范围。

③ 单击"确定"按钮。

31. 设置页眉页脚奇偶页不同的操作步骤如下。

① 在"页面布局"选项卡"页面设置"组中,单击右下角的对话框启动器按钮。

② 打开"页面设置"对话框,单击"页眉/页脚"选项卡,选中"奇偶页不同"复选框,如图 4.55 所示。

③ 单击"确定"按钮,设置后要重新输入页眉和页脚的内容。

32. 在跨页时每页都打印表格标题。

① 在"页面布局"选项卡"页面设置"组中,单击右下角的对话框启动器按钮。

② 打开"页面设置"对话框,单击"工作表"选项卡,在"顶端标题行"框中输入单元格区

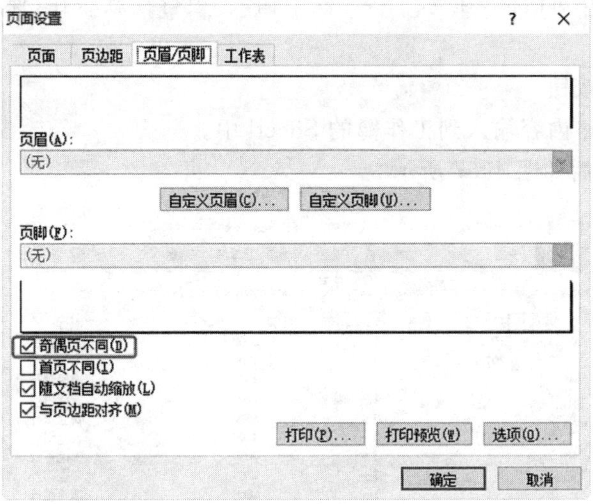

图 4.55　"页面设置"对话框"页眉/页脚"选项卡

域，如图 4.56 所示。

图 4.56　"页面设置"对话框"工作表"选项卡

③ 单击"确定"按钮。

33. 将表格转换成图片格式。

① 依次单击"文件"选项卡、"打印"命令。

② 在右侧"打印机"列表框中选中"SnagIt 10"选项，单击"打印"按钮。

③ 等候片刻，表格以图片的方式发送至"SnagIt Editor"窗口中，单击"保存"按钮。

34. 本题只提供一种操作方法，用其他操作完成也正确。

（1）建立"银行存款.xlsx"工作簿，按如下要求操作。

操作步骤：

a）启动 Excel，新建工作簿。

b）依次单击"文件"选项卡、"另存为"按钮。

c) 打开"另存为"对话框,在"文件名"框中输入"银行存款",在"保存类型"下拉列表中选择"Excel 工作簿"。

d) 单击"保存"按钮。

① 把上面的表格内容输入到工作簿的 Sheet1 中。

操作步骤:输入后如图 4.57 所示。

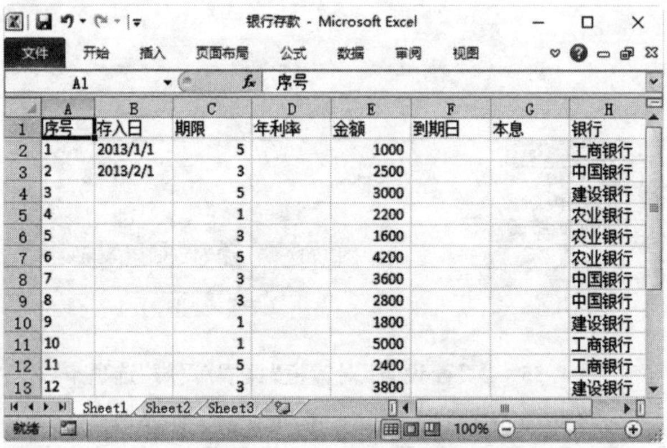

图 4.57 银行存款示例

② 填充"存入日",按月填充,步长为 1,终止值为"13-12-1"。

操作步骤:

a) 选中 B2:B13 单元格区域。

b) 在"开始"选项卡"编辑"组中,单击"填充"按钮。

c) 在下拉菜单中单击"系列"命令,打开"序列"对话框。

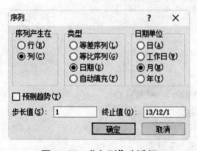

图 4.58 "序列"对话框

d) 如图 4.58 所示,在"序列产生在"栏选中"列"单选钮,在"类型"栏选中"日期"单选钮,在"日期单位"栏选中"月"单选钮,在"步长值"文本框中填入"1",在"终止值"文本框中填入"13/12/1"。

e) 单击"确定"按钮。

③ 填充"到期日"。

操作步骤:

a) 单击单元格 F2。

b) 在编辑栏中输入公式"=B2+C2 * 365",按"Enter"键。

c) 单击单元格 F2,向下拖曳填充柄到单元格 F13。

④ 用公式计算"年利率"(年利率=期限×0.85)和"本息"(本息=金额×(1+期限×年利率/100)),并进行填充。

操作步骤:

a) 单击单元格 D2。

b) 在编辑栏中输入公式"=C2 * 0.85",按"Enter"键。

c) 单击单元格 D2,向下拖曳填充柄到单元格 D13。

d) 单击单元格 G2,在编辑栏中输入公式"=E2 * (1+C2 * D2/100)",按"Enter"键。

e）单击单元格 G2，向下拖曳填充柄到单元格 G13。

⑤ 在 I1 和 J1 单元格内分别输入"季度总额""季度总额百分比"。

操作步骤：

单击单元格 I1，输入"季度总额"，单击单元格 J1，输入"季度总额百分比"。

⑥ 分别计算出各季度存款总额和各季度存款总额占总存款的百分比。

操作步骤：

a）单击单元格 I4，在编辑栏输入公式"＝SUM(E2:E4)"，按"Enter"键。

b）单击单元格 I4，在"开始"选项卡"剪贴板"组，单击"复制"按钮。

c）分别单击单元格 I7、I10、I13，在"开始"选项卡"剪贴板"组，单击"粘贴"按钮。

d）单击单元格 B4，在编辑栏输入"总存款"，按"Enter"键。

e）单击单元格 E4，在"开始"选项卡"编辑"组，单击"自动求和"按钮，按"Enter"键。

f）单击单元格 J4，在编辑栏输入公式"＝I4/＄E＄14"，按"Enter"键。

g）单击单元格 J4，在"开始"选项卡"剪贴板"组，单击"复制"按钮。

h）分别单击单元格 J7、J10、J13，在"开始"选项卡"剪贴板"组，单击"粘贴"按钮。

完成第(1)问后，如图 4.59 所示。

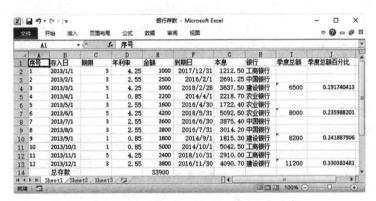

图 4.59　完成第(1)问的效果图

（2）格式设置。

① 在顶端插入标题行，输入文本"2013 年各银行存款记录"，华文行楷、字号 26、加宝石蓝色底纹。将 A1～J1 合并并居中，垂直居中对齐。

操作步骤：

a）用鼠标右键单击第一行的行号，在快捷菜单中单击"插入"命令，Excel 中就插入了一空行。

b）在编辑栏输入文本"2013 年各银行存款记录"。

c）在"开始"选项卡"字体"组中，单击"字体"框右侧的下拉箭头，在下拉列表中选中"华文行楷"（若无字体，则应事先安装）；单击"字号"框右侧的下拉箭头，在下拉列表中选中"26磅"；单击"填充颜色"右侧下拉按钮，在颜色列表中选择"宝石蓝色"。

d）选中单元格区域 A1:J1。

e）在"开始"选项卡"对齐方式"组中，依次单击"合并后居中"按钮、"垂直居中"按钮。

② 各字段名格式：宋体、字号 12、加粗、水平、垂直居中对齐。

操作步骤:

a) 选中单元格区域 A2:J2。

b) 在"开始"选项卡"字体"组中,使用"字体""字号""加粗"按钮进行设置。

c) 在"开始"选项卡"对齐方式"组中,使用"居中""垂直居中"按钮进行设置。

③ 数据(记录)格式:宋体、字号 12、水平、垂直居中对齐。第 J 列数据按百分比样式,保留 2 位小数。

操作步骤:

a) 选中单元格区域 A3:J15。

b) 在"开始"选项卡"字体"组中,使用"字体""字号""加粗"按钮进行设置。

c) 在"开始"选项卡"对齐方式"组中,使用"居中""垂直居中"按钮进行设置。

d) 选中 J 列,在"开始"选项卡"数字"组,单击"百分比样式"按钮,单击"增加小数位"按钮 2 次。

④ 各列最合适的列宽。

操作步骤:

a) 选中 A 列到 J 列。

b) 在"开始"选项卡"单元格"组,单击"格式"按钮,在弹出的快捷菜单中单击"自动调整列宽"命令。

(3) 将修改后的文件命名为"你的名字加上字符 A"并保存。

操作步骤:

a) 依次单击"文件"选项卡、"另存为"按钮。

b) 打开"另存为"对话框,在"文件名"栏输入如"张三 A"的文件名。

c) 单击"保存"按钮。

35. 建立图表,并按下列要求操作。

学生成绩表

班　级	学　号	姓名	性别	数学成绩	英语成绩	总成绩	平均成绩
201301	2013000011	张郝	男	60	62		
201302	2013000046	叶志远	男	70	75		
201301	2013000024	刘欣欣	男	85	90		
201302	2013000058	成坚	男	89	94		
201303	2013000090	许坚强	男	90	95		
201302	2013000056	李刚	男	86	65		
201301	2013000001	许文强	男	79	84		
201303	2013000087	王梦璐	女	65	70		
201302	2013000050	钱丹丹	女	73	80		
201302	2013000063	刘灵	女	79	81		
201301	2013000013	康菲尔	女	86	82		
201301	2013000008	康明敏	女	92	96		
201301	2013000010	刘晓丽	女	99	93		

建立工作簿"学生成绩.xlsx",在 Sheet1 中输入上面的表格内容,"总成绩"和"平均成绩"用公式计算获得;在第 3 行和第 4 行之间增加一条记录,其中姓名为你自己的名字,其他任意;将 Sheet1 中的内容分别复制到 Sheet2、Sheet3 和 Sheet4 中。

题干部分操作步骤如下:

a) 启动 Excel,新建工作簿。

b) 依次单击"文件"选项卡、"另存为"命令。

c) 打开"另存为"对话框,在"文件名"框中输入"学生成绩",在"保存类型"下拉列表中选择"Excel 工作簿"。

d) 单击"保存"按钮。

e) 在 Sheet1 中输入上面的表格内容,结果如图 4.60 所示。

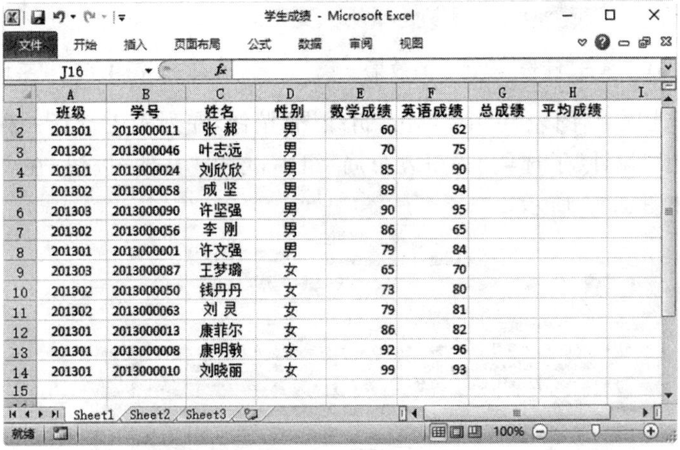

图 4.60 学生成绩操作示例

f) 单击单元格 G2,在"编辑栏"输入"=SUM(E2:F2)"或"=E2+F2";单击单元格 H2,在"编辑栏"输入"=AVERAGE(E2:F2)"或"=(E2+F2)/2"。

g) 选中单元格区域 G2:H2,向下拖曳"填充柄"至第 14 行。

h) 将鼠标指针移到第 4 行行号上,当鼠标指针变成右向黑箭头时,单击鼠标右键,在下拉快捷菜单中单击"插入"命令,即可在第 3 行和第 4 行之间插入一个空行;在空行中,按要求输入数据。

i) 在 Sheet1 中,单击"全选"按钮,在"开始"选项卡"剪贴板"组中单击"复制"按钮;单击 Sheet2 中的"全选"按钮,在"开始"选项卡"剪贴板"组中单击"粘贴"命令;用同样的方法,将 Sheet1 中的内容分别复制到 Sheet3 和 Sheet4 中。

①~⑦小题的操作步骤如下:

a) 在"学生成绩.xlsx"工作簿中,单击 Sheet1 工作表,在数据区域单击任意单元格。

b) 在"数据"选项卡"排序和筛选"组中,单击"筛选"按钮,如图 4.61 所示。

c) 如图 4.62 所示,单击"平均成绩"右侧的下拉箭头,在下拉列表中去掉小于 80 分复选框中的"√",单击"确定"按钮。

d) 如图 4.61 所示,选中"姓名""数学成绩"和"英语成绩"所在的单元格区域 C1:C15 和 E1:F15。

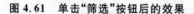

图 4.61　单击"筛选"按钮后的效果　　　　　　**图 4.62　"平均成绩"下拉列表**

　　e) 在"插入"选项卡"图表"组中,单击"折线图"按钮,在列表中选择一种二维折线图;在"图表工具"选项卡"设计"子选项卡"图表布局"组中,单击"其他"按钮,在列表中选中"布局4",生成的图表如图 4.63 所示。

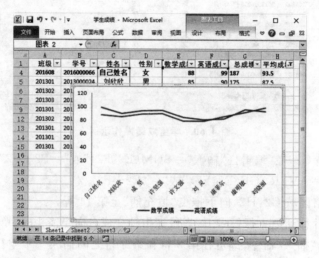

图 4.63　图表-布局 4

　　f) 在图表中选中图例,用鼠标将其拖曳到右上角;在"开始"选项卡"字体"组中,选择字体"宋体"、字号"16"。

　　g) 在"图表工具"选项卡"布局"子选项卡"标签"组中,单击"图表标题"按钮,在列表中单击"图表上方"命令;选中"图表标题",将其修改为"学生成绩";在"开始"选项卡"字体"组中,选择字体"宋体"、字号"20"、加粗。

　　h) 如图 4.64 所示,在"图表工具"选项卡"布局"子选项卡"坐标轴"组中,单击"坐标轴"按钮,用鼠标指针指向"主要纵坐标轴",在级联菜单中单击"其他主要纵坐标轴选项",打开"设置坐标轴格式"对话框。

　　i) 如图 4.65 所示,在"设置坐标轴格式"对话框的左窗格单击"坐标轴选项",在右窗格设置最小值为 60、最大值为 100、主要刻度单位为 10;单击"关闭"按钮。

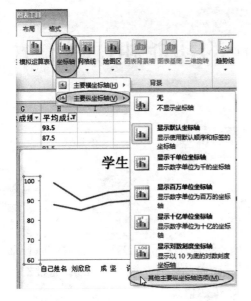

图 4.64 "布局"子选项卡"坐标轴"

图 4.65 "设置坐标轴格式"对话框

j) 在图表中,选中分类轴,在"开始"选项卡"字体"组中,选择字体"宋体"、字号"12",单击"字体颜色"按钮,选择"红色";用同样的方法,设置数值轴的字体、字号、颜色。

制作完成后的图表如图 4.66 所示。

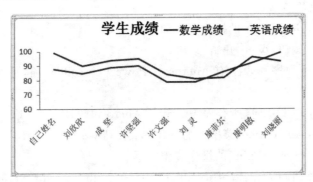

图 4.66 制作完成后的学生成绩图表

第5章 PowerPoint 的功能和使用

5.1 知识要点

5.1.1 PowerPoint 概述

1. 中文 PowerPoint 的功能

演示文稿由一系列组合在一起的幻灯片组成,每个幻灯片又可以包括醒目的标题、详细的说明文字、形象的数字和图表、生动的图片图像以及动感的多媒体组件等元素,通过幻灯片的各种切换和动画效果向观众表达观点、演示成果、传达信息。

2. 运行环境

PowerPoint 2010 在 Windows XP、Windows 7、Windows 8 下都可以运行。

3. 启动和退出

1) PowerPoint 的启动

从本机上启动 PowerPoint 的操作步骤如下。

(1) 单击"开始"按钮,显示"开始"菜单。

如果"开始"菜单程序列表上有 Microsoft PowerPoint 2010 项,那么单击它就可启动 PowerPoint。

(2) 在"开始"菜单上指向"所有程序",单击"Microsoft Office"菜单。

(3) 单击"Microsoft Office"菜单下的"Microsoft PowerPoint 2010"命令。

在浏览器中启动 PowerPoint 的操作步骤如下。

(1) 通过浏览器访问 http://office.microsoft.com/zh-cn/redir/xt102521318.aspx。

(2) 输入 Windows Live ID 账号(用户在网站注册获得)和密码进入系统。

(3) 打开在线编辑界面,就可以编辑演示文稿了,不过它只有部分功能。

2) PowerPoint 的退出

退出 PowerPoint 有以下 3 种方法。

(1) 双击 PowerPoint 窗口左上角的文档控制图标 P 。

(2) 单击"文件"选项卡,再单击"退出"命令。

(3) 单击 PowerPoint 窗口右上角的"关闭"按钮。

5.1.2 创建演示文稿

1. 演示文稿的创建

创建演示文稿的方法如下。

（1）启动 PowerPoint 后，系统会自动创建一个名为"演示文稿 1"的空白演示文稿。

（2）通过"文件"选项卡来创建空白演示文稿。操作步骤为，单击"文件"选项卡，再单击"新建"命令，选择"空白演示文稿"，单击"创建"按钮。

（3）使用模板创建演示文稿。操作步骤为，单击"文件"选项卡、"新建"命令；在"主页"栏下单击"样本模板"，在"样本模板"列表中显示本机上已安装的模板缩略图；选择所需要的模板，单击"创建"按钮。系统创建一个基于所选模板的演示文稿。

如果用户自定义了模板，并且保存模板文档（.potx），那么，在"主页"栏下单击"我的模板"，打开"新建演示文稿"对话框；在"个人模板"列表中，选择一个模板，单击"确定"按钮。

（4）根据已安装的主题创建一个空白演示文稿。操作步骤为：单击"文件"选项卡、"新建"命令；在"主页"栏下单击"主题"，在"主题"列表中，显示本机上已安装的主题缩略图；根据需要，选择一个主题，单击"创建"按钮。

2. 演示文稿的保存、打开和关闭

1）保存演示文稿

单击"快速访问工具栏"上的"保存"按钮，或者通过"文件"选项卡中的"另存为"命令或"保存"命令可保存演示文稿。系统默认演示文稿文件的扩展名为.pptx。

2）打开演示文稿

依次单击"文件"选项卡、"打开"命令，显示"打开"窗口；在"导航"窗格内选择要打开演示文稿所在的文件夹；在"内容"窗格选中要打开的演示文稿后，单击"打开"按钮就可打开这个演示文稿。

3）关闭演示文稿

依次单击"文件"选项卡、"关闭"命令，或单击控制菜单图标，再单击"关闭"命令，或单击窗口标题右侧的"关闭"按钮。

5.1.3 幻灯片基本操作

1. 演示文稿视图的使用

1）普通视图

单击"普通视图"按钮，在演示文稿窗口左边显示的是"大纲/幻灯片"窗格，右边的上半部分显示的是"幻灯片"窗格，右边的下半部分显示的是"备注"窗格。

单击"大纲"选项卡，显示幻灯片大纲，即以大纲形式显示幻灯片文本。

单击"幻灯片"选项卡，显示幻灯片缩略图。此区域是在编辑时以缩略图大小的图像在演示文稿中观看幻灯片的主要场所。使用缩略图能方便地遍历演示文稿，并观看任何设计更改的效果。在这里还可以轻松地重新排列、添加或删除幻灯片。

"备注"窗格是供演示者对每一张幻灯片编辑注释或提示用的，其中的内容不能在幻灯片上显示。

2）幻灯片浏览视图

单击"幻灯片浏览"视图按钮即可转换到多页并列显示，此时，所有的幻灯片缩略图按顺序排列在窗口中。用户可以一目了然地看到多张幻灯片，并可以对幻灯片进行移动、复制、删除等操作。

3) 幻灯片放映视图

单击"幻灯片放映"视图按钮,幻灯片就按顺序在全屏幕上显示,单击鼠标右键或按回车键将显示下一张,按"Esc"键或放映完所有幻灯片则恢复原样。

4) 阅读视图

单击"阅读"视图按钮,即可放映演示文稿。

5) 备注页视图

在"备注"窗格中可以添加文本备注,但是,若要添加图形作为备注,就必须在"备注页"视图中进行。

6) 母版视图

母版视图包括幻灯片母版视图、讲义母版视图和备注母版视图。它们是存储有关演示文稿信息的主要幻灯片,其中包括背景、颜色、字体、效果、占位符大小和位置。使用母版视图的一个主要优点在于,在幻灯片母版、备注母版或讲义母版上,可以对与演示文稿关联的每个幻灯片、备注页或讲义的样式进行全局更改。

2. 幻灯片的版式

1) 幻灯片版式的基本概念

PowerPoint 中的版式提供了多用途的占位符,可以接受各种类型的内容。例如,名为"标题和内容"的默认版式包含用于幻灯片标题和一种类型的内容(如文本、表格、图表、图片、剪贴画、SmartArt 图形或影片)的占位符。用户可以根据占位符的数量和位置(而不是要放入其中的内容)来选择自己需要的版式。

当构建演示文稿时,可能会发现更改幻灯片的版式很有帮助。例如,可能原来使用了包含一个很大内容占位符的幻灯片,现在想要使用包含两个并排占位符的幻灯片,以便比较两个列表、图形或图表。

更改版式时,会更改其中的占位符类型和/或位置。如果原来的占位符中包含内容,则内容会转移到幻灯片中的新位置,以反映该占位符类型的不同位置。如果新版式不包含适合该内容的占位符,内容仍会保留在幻灯片上,但处于孤立状态。这意味着它是一个自由浮动的对象,位于版式外部。如果孤立对象的位置不正确,则需要手动定位它。但是,如果以后又应用了另一种版式,其中包含用于孤立对象的占位符,则孤立对象会回到占位符中。

2) 幻灯片版式选用

要将幻灯片切换到使用不同的版式,按以下步骤操作。

(1) 选择要处理的幻灯片。

(2) 在"开始"选项卡中,单击"幻灯片"组中的"版式"。这将打开如图 5.1 所示的主题版式列表。

(3) 单击所需的版式。

3) 编辑和重新应用幻灯片版式

若要编辑版式,则按以下步骤操作。

(1) 在"视图"选项卡上的"母版视图"组中,单击"幻灯片母版"。

(2) 在包含幻灯片母版和版式的窗格中,单击要编辑的版式。

(3) 编辑版式。

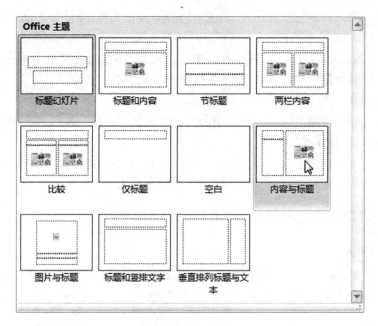

图 5.1 主题版式列表

如果对版式的编辑更改了原始版式的作用,则应重命名版式。

(4) 在"关闭"组中,单击"关闭母版视图"。

若要应用对演示文稿中幻灯片的版式所做的更新,则按下列步骤操作。

(1) 在"普通"视图中,在包含"大纲"和"幻灯片"选项卡的窗格中,单击"幻灯片"选项卡。

(2) 单击要对其重新应用已更新版式的幻灯片。

(3) 在"开始"选项卡"幻灯片"组中,单击"版式",然后选择刚刚更新的版式。

3. 幻灯片的插入

插入幻灯片的方法很简单。在"普通"视图中,在包含"大纲"和"幻灯片"选项卡的窗格中,单击"幻灯片"选项卡。单击"开始"选项卡"幻灯片"组中的"新建幻灯片"按钮的上部,立即在"幻灯片"选项卡中所选幻灯片的下面添加一个新幻灯片。

4. 幻灯片的选定、删除、复制和移动

1) 选定幻灯片

在编辑、删除、移动或复制幻灯片之前,首先要选定进行操作的幻灯片。如果是选定单张幻灯片,则用鼠标左键单击它即可。如果选定多张幻灯片,则要按住"Shift"键或"Ctrl"键,再单击要选定的幻灯片。用户也可以按"Ctrl + A"组合键选定所有的幻灯片。

2) 删除幻灯片

在"幻灯片浏览"视图中,选定要删除的幻灯片再按"Delete"键,即可删除该幻灯片,后面的幻灯片会自动向前排列。

3) 复制幻灯片

幻灯片的复制有以下 2 种方法。

(1) 选中要复制的幻灯片,在"开始"选项卡"剪贴板"组中单击"复制"按钮,用鼠标单击两幻灯片之间的空白,再单击"剪贴板"组中的"粘贴"按钮上部,即可在选定位置复制一份内容相同的幻灯片。

(2) 选中要复制的幻灯片,用鼠标右键单击该幻灯片,在快捷菜单中单击"复制"命令,将鼠标指针定位到要粘贴的位置,再单击快捷菜单中的"粘贴"命令。

4) 移动幻灯片

可以利用"开始"选项卡"剪贴板"组中的"剪切"按钮和"粘贴"按钮来改变幻灯片的排列顺序,其方法与复制操作相似。

也可以用拖曳鼠标的方法进行:选择要移动的幻灯片,按住鼠标左键将幻灯片拖曳到需要的位置。拖曳幻灯片时,屏幕上有一条直线,这就是插入点。

5.1.4　幻灯片的基本制作

1. 文本的输入

编辑幻灯片时,除"空白"版式外,一般可在每张幻灯片的占位符中添加文本和图形元素。如果输入的文本太多而导致占位符容纳不下,那么,PowerPoint 会缩小字号和行距来容纳所有文本。

如果用户希望自己设置幻灯片的布局,或需要在占位符之外添加文本,则可以在输入文字之前先添加文本框。操作步骤如下。

(1) 在"插入"选项卡"文本"组中单击"文本框"按钮,选择"横排文本框"或"垂直文本框"命令。

(2) 在幻灯片上拖曳鼠标绘制文本框。

(3) 释放鼠标,在文本框内输入所需要的文字后,在幻灯片空白处单击即可。

2. 图片的插入

在幻灯片中可以插入的图像包括图片、剪贴画、屏幕截图等。操作步骤如下。

(1) 选中要插入图片的幻灯片。

(2) 在"插入"选项卡"图像"组中,单击"图片"按钮。或者在占位符中单击"插入来自文件的图片"按钮。

(3) 在弹出的"插入图片"窗口中选择一张图片,单击"插入"按钮。图片被插入到幻灯片中,同时显示"图片工具"选项卡"格式"子选项卡,在其中可以调整图片的亮度和对比度、添加艺术效果、修改图片样式、旋转和裁剪等。

如果在"图像"组中单击"相册"按钮,则可以创建一个"相册"演示文稿,并将加入的第一张图片做成其中一张幻灯片。

3. 艺术字的使用

使用艺术字为演示文稿添加特殊文字效果。例如,可以拉伸标题、对文本进行变形、使文本适应预设形状,或应用渐变填充。相应的艺术字将成为用户可以在文档中移动或放置在幻灯片中的对象,以此添加文字效果或进行强调。用户还可以随时修改艺术字或将其添加到现有艺术字对象的文本中。

1) 插入艺术字

在幻灯片中可以插入艺术字,其操作步骤如下。

（1）选中要插入艺术字的幻灯片。

（2）在"插入"选项卡"文本"组中，单击"艺术字"按钮，打开如图 5.2 所示的艺术字样式列表。

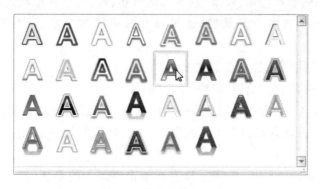

图 5.2 艺术字样式列表

（3）单击选中一种样式，在幻灯片中插入"请在此放置您的文字"样式。

（4）输入文字。

2）将现有文字转换为艺术字

（1）选定要转换为艺术字的文字。

（2）在"插入"选项卡的"文字"组中，单击"艺术字"，然后单击所需的艺术字。

3）删除艺术字样式

当删除文字的艺术字样式时，文字会保留下来，改为普通文字。

（1）选定要删除其艺术字样式的艺术字。

（2）在"绘图工具"选项卡"格式"子选项卡"艺术字样式"组中，单击"其他"按钮，然后单击"清除艺术字"，如图 5.3 所示。

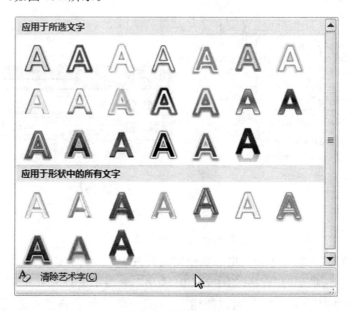

图 5.3 清除艺术字

4. 形状的添加

用户可以在幻灯片中添加一个形状,或者合并多个形状以生成一个绘图或一个更为复杂的形状。可用的形状包括:线条、基本几何形状、箭头、公式形状、流程图形状、星、旗帜和标注。添加一个或多个形状后,还可以在其中添加文字、项目符号、编号和快速样式。

在幻灯片中添加形状的操作步骤如下。

(1) 在"开始"选项卡的"绘图"组中,单击"形状"。

(2) 单击所需形状,接着单击幻灯片中的任意位置,然后拖动以放置形状。

若要创建规范的正方形或圆形(或限制其他形状的尺寸),则在拖动的同时按住"Shift"键。

若要添加多个相同的形状,则用鼠标右键单击要添加的形状,然后单击"锁定绘图模式"。添加完成后,按"Esc"键。

5. 表格的插入

在幻灯片中插入表格的操作步骤如下。

(1) 选中要插入表格的幻灯片。

(2) 在"插入"选项卡"表格"组中,单击"表格"按钮。移动鼠标,选择所需要的行、列数后,单击鼠标左键。

也可以单击"表格"按钮后,再选择"插入表格"命令,如图5.4(a)所示;或者在占位符中单击"插入表格"按钮,打开"插入表格"对话框,如图5.4(b)所示;选择所需的行列数,单击"确定"按钮。

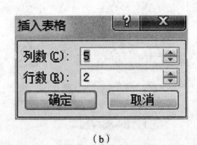

(a)　　　　　　　　　　　　　(b)

图5.4　插入表格

在幻灯片中插入Excel电子表格的操作步骤如下。

(1) 选择要在其上插入Excel电子表格的幻灯片。

(2) 在"插入"选项卡的"表格"组中,单击"表格",然后单击"Excel电子表格"。

在向演示文稿中添加表格后,可以使用PowerPoint中的表格工具来设置表格的格式、样式或者对表格做其他类型的更改。

5.1.5 演示文稿主题选用与幻灯片背景设置

主题是一组统一的设计元素,使用颜色、字体和图形设置文档的外观。使用主题可以简化专业设计师水准的演示文稿的创建过程。

1. 演示文稿主题选用

1）主题的选用

在"设计"选项卡"主题"组中,单击想要的主题,或者单击"其他"按钮,选择可用的主题。

默认情况下,单击某一主题后,就会将其应用到所有幻灯片。如果只想应用到选定幻灯片,那么用鼠标右键单击该主题,在快捷菜单中选择"应用于选定幻灯片"。用户也可以将所选主题应用到母版幻灯片。

2）主题颜色的用途

主题颜色是文件中使用的颜色的集合。主题颜色有 12 种。前 4 种水平颜色用于文本和背景。用浅色创建的文本总是在深色中清晰可见,而用深色创建的文本总是在浅色中清晰可见。接下来的 6 种强调文字颜色,它们总是在 4 种潜在背景色中可见。最后 2 种颜色不会在以下图片中显示,而将为超链接和已访问的超链接保留。

主题颜色可以得当地处理浅色背景和深色背景。主题中内置有可见性规则,因此用户可以随时切换颜色并且你的所有内容将仍然清晰可见且外观良好。

当单击"设计"选项卡"主题"组中的"颜色"时,主题名称旁边显示的颜色代表该主题的强调文字颜色和超链接颜色。如果更改其中的任何颜色以创建自己的主题颜色组,则在"颜色"按钮上和"主题"名称旁边显示的颜色将得到相应的更新。

3）主题字体的用途

主题字体是应用于文件中的主要字体和次要字体的集合。每个 Office 主题均定义了 2 种字体,分别用于标题和正文文本。二者可以是相同的字体(在所有位置使用),也可以是不同的字体。

当单击"设计"选项卡"主题"组中的"字体"时,用于每种主题字体的标题字体和正文文本字体的名称将显示在相应的主题名称下。

4）主题效果的用途

主题效果是应用于文件中元素的视觉属性的集合。主题效果指定如何将效果应用于图表、SmartArt 图形、形状、图片、表格、艺术字和文本。通过使用主题效果库,可以替换不同的效果集以快速更改这些对象的外观。

主题颜色、主题字体和主题效果三者构成一个主题。

2. 幻灯片背景设置

背景样式是 PowerPoint 独有的样式,它们使用新的主题颜色模式,新的模型定义了将用于文本和背景的 2 种深色和 2 种浅色。

要选择背景样式,在"设计"选项卡的"背景"组中,单击"背景样式"按钮,在背景样式库中选择一种单击,如图 5.5 所示。

要设置背景格式,单击"设置背景格式",打开"设置背景格式"对话框,如图 5.6 所示,在此进行设置即可。

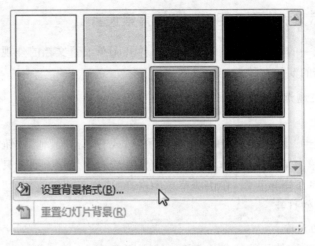

图 5.5　背景样式库

图 5.6　"设置背景格式"对话框

5.1.6　演示文稿放映设计

1. 动画设计

对文本或对象应用标准动画效果,应先选定要制作成动画的文本或对象,然后在"动画"选项卡"动画"组中,设置进入、强调、退出或动作路径的动画效果。

1)添加"进入"动画效果

添加"进入"动画效果操作步骤如下。

(1)在幻灯片中选择要设置动画的对象。

(2)在"动画"选项卡"动画"组中,单击"其他"按钮。

（3）在内置动画"进入"栏中选择一种"进入"动画效果样式。

2）添加"强调"动画效果

强调动画效果主要用于突出对象，引人注目，所以在设置强调动画效果时，可选择一些华丽的效果。操作方法与添加"进入"效果的方法相同。

3）添加"退出"动画效果

退出动画效果包括百叶窗、飞出、轮子等，用户可根据需要进行设置。操作方法与添加"进入"效果的方法相同。

4）创建自定义动画效果

动作路径用于自定义动画运动的路线及方向。设置动作路径时，可使用系统中的路径，也可以自定义设置路径。

2. 放映方式

在放映幻灯片前使用者可以设置不同的放映方式以满足各自的需要。操作步骤如下。

（1）在"幻灯片放映"选项卡"设置"组中单击"设置放映方式"命令，或按"Shift"键再单击水平滚动条上"幻灯片放映"按钮（不按"Shift"键，此为幻灯片浏览按钮），打开"设置放映方式"对话框。

（2）在该对话框中做出适当选择后，单击"确定"按钮，完成放映方式设置。

3. 切换效果

设置幻灯片切换效果的操作步骤如下。

（1）如有必要，则单击演示文稿窗口中水平滚动条上的"幻灯片浏览"视图按钮。

（2）选择要设置切换效果的幻灯片。若选择多张幻灯片，则按住"Ctrl"键或"Shift"键再选定所需幻灯片。

（3）在"切换"选项卡"切换到此幻灯片"组"切换方案"中选择一种方案，如"推进"。单击"切换效果"按钮，在下拉列表中选择一种切换效果。

（4）在"切换"选项卡"计时"组设置声音、持续时间、换片方式等。

5.1.7 演示文稿的打包和打印

1. 打包演示文稿

打包演示文稿功能是系统会自动创建一个文件夹，包括演示文稿和一些必要的文件，以供在没有安装 PowerPoint 的计算机中观看。操作步骤如下。

（1）打开要打包的演示文稿，依次单击"文件"选项卡、"保存并发送"选项。

（2）在窗口中"文件类型"栏下单击"将演示文稿打包成 CD"命令，在窗口右侧单击"打包成 CD"按钮。

（3）打开"打包成 CD"对话框，在"CD 命名为"框中输入名称。

（4）单击"复制到文件夹"按钮，打开"复制到文件夹"对话框，在"位置"框中输入复制路径，单击"确定"按钮。

（5）系统将打开一个对话框提示用户打包演示文稿的所有链接文件，单击"是"按钮开始复制，并打开"正在将文件复制到文件夹"的提示框。

（6）复制完成后，自动打开文稿保存位置的窗口。操作完成后，在"打包成 CD"对话框中单击"关闭"按钮,关闭对话框。

2. 打印演示文稿

打开要打印的演示文稿,在"文件"选项卡中选择"打印"命令,在窗口中选择"打印讲义的版式",在窗口右侧预览区可查看效果。确认后,单击"打印"按钮,开始打印。

5.2　案　例　分　析

例 5.1　在正文文本占位符中键入文本时,突然看到这个小按钮![按钮],它是_____按钮。

A) 粘贴选项　　　　B) 自动调整选项　　　　C) 自动更正选项　　　　D) 文本框选项

答:B。

知识点:文本输入、占位符、自动调整。

分析:这是"自动调整选项"按钮,它表示文本将缩小以放入占位符中。用户可以使用该按钮的菜单执行下列操作:停止占位符的自动调整、将文本拆分到两张幻灯片上、在新幻灯片上继续操作或者更改为两栏版式。用户可以根据需要关闭该功能。

例 5.2　在 PowerPoint 幻灯片浏览视图中,以下有关叙述不正确的是_____。

A) 按序号由小到大的顺序显示文稿中全部幻灯片的缩图

B) 可以对其中某张幻灯片的整体进行复制、移动等操作

C) 可以对其中某张幻灯片的整体进行删除等操作

D) 可以对其中某张幻灯片的内容进行编辑和修改

答:D。

知识点:幻灯片视图、幻灯片浏览视图、幻灯片的复制、幻灯片的移动、幻灯片的删除。

分析:在 PowerPoint 幻灯片浏览视图中,不可以对其中某张幻灯片的内容进行编辑和修改。

例 5.3　为了将幻灯片中选中的图形"置于底层"命令,此时最快捷的操作是_____。

A) 单击鼠标右键　　　　　　　　B) 单击鼠标左键

C) 单击"视图"选项卡　　　　　　D) 单击"绘图工具"选项卡

答:A。

知识点:图形排列、快捷菜单、绘图工具。

分析:如果在幻灯片中插入了多个图形对象,它们可能会互相覆盖,此时应调整各图形对象在幻灯片中的相应位置,此时需要单击鼠标右键,在调出的快捷菜单中选择"置于底层"命令。另一种操作方法:选中图形后,会出现"绘图工具"选项卡"格式"子选项卡,在"排列"组中单击"下移一层"右侧的下拉箭头,在下拉菜单中选择"置于底层"命令。但这不是最快捷的。

例 5.4　在工作时,用户可以在备注窗格中键入演讲者备注并设置其格式。_____是转到"备注页"视图的适当原因。

A) 打印备注　　　　　　　　　　B) 确保备注按期望显示

C) 单击备注窗格　　　　　　　　D) 调整备注窗格,增加可用空间

答:B。

知识点：备注页视图、幻灯片放映视图、编辑备注、添加演讲者信息。

分析："备注页"视图显示所有文本格式（如字体颜色）以及备注文本是否适应占位符。如果备注太长，则会截断备注。用户可以根据需要在"备注页"视图中编辑备注，该视图只显示有多少可用空间。

例5.5 在"幻灯片放映"视图中，通过_____可以返回到上一张幻灯片。

A）按"BackSpace"键　　　　　　　B）按"PageUp"键

C）按向上键　　　　　　　　　　　D）以上全对

答：D。

知识点：幻灯片放映、快捷键操作。

分析：如果需要转到的幻灯片并不是紧邻当前幻灯片的前一张幻灯片，则应指向屏幕左下角的"幻灯片放映"工具栏，然后单击幻灯片图标。在它的菜单上，指向"定位至幻灯片"，然后选择所需的幻灯片。

例5.6 应用主题时，它始终影响演示文稿中的每一张幻灯片。这个说法正确吗？

答：不正确。

知识点：添加主题、更改幻灯片版式。

分析：如果要将主题仅应用于一张或几张幻灯片，则应选择这些幻灯片。然后显示主题库，右键单击所需的主题，再单击"应用于选定幻灯片"。

例5.7 能否从某些幻灯片版式的图标中插入文本框？

答：不能。

知识点：绘制文本框、插入图片和内容。

分析：通过使用内容版式中的图标，可以插入图片、图表、SmartArt 图形、表格和媒体文件。但是，若要插入文本框，应转至"插入"选项卡。在该选项卡中，单击"文本框"，然后在幻灯片上绘制一个框。

5.3 强 化 训 练

一、选择题

1. 在演示文稿中插入新幻灯片的方法正确的是_____。

　　A）在"插入"选项卡的"图像"组中，单击"屏幕截图"

　　B）单击"开始"选项卡"幻灯片"组中"新建幻灯片"旁边的箭头

　　C）单击"插入"选项卡的"添加新幻灯片"

　　D）单击"开始"选项卡"幻灯片"组中"版式"旁边的箭头

2. 在 PowerPoint 的幻灯片浏览视图下，不能完成的操作是_____。

　　A）调整个别幻灯片位置　　　　　　B）删除个别幻灯片

　　C）编辑个别幻灯片内容　　　　　　D）复制个别幻灯片

3. PowerPoint 主题所包含的3个关键元素是_____。

　　A）一组特殊颜色；在任何颜色下都非常漂亮的字体；阴影

　　B）彩色纹理；在大型屏幕上易于辨认的字体；阴影和映像

C) 配色方案;协调字体;特殊效果,例如阴影、发光、棱台、映像、三维等

D) 在任何颜色下都非常漂亮的字体;彩色纹理;配色方案

4. 在幻灯片上调整图片大小和定位图片时,进行_____操作非常重要。

A) 将图片大小调整为 800 像素×600 像素

B) 保持纵横比,让相对高度和宽度始终保持一致

C) 使用四向箭头调整图片大小和移动图片

D) 设置图片边框

5. 在 PowerPoint 中,设置幻灯片放映时的切换效果为"百叶窗",应使用"切换"选项卡_____组中的选项。

A) 动作按钮　　　　　　　　　　　B) 切换到此幻灯片

C) 预设动画　　　　　　　　　　　D) 自定义动画

6. 在设置嵌入到幻灯片中的视频的格式(添加边框、重新着色、调整亮度和对比度、指定开始播放视频的方式等)时,应该_____。

A) 单击幻灯片上的视频,然后在"格式"和"播放"选项卡上指定"视频样式"选项

B) 添加 PowerPoint 主题

C) 应用特殊效果,然后发布演示文稿

D) 以上操作方法都正确

7. 演示者视图是指_____。

A) 可以在便携式计算机上查看备注

B) 观众只能看到你的幻灯片,而看不到演示者备注

C) 该视图需要有多个监视器,或者一台投影仪或具有双显示功能的便携式计算机

D) 以上说法都正确

8. 在 PowerPoint 中,若要为幻灯片中的对象设置放映时的动画效果为"飞入",应在_____中选择。

A) "动画"选项卡"动画"组　　　　　B) "开始"选项卡"幻灯片"组

C) "动画"选项卡"计时"组　　　　　D) "幻灯片放映"选项卡"设置"组

9. 若要在幻灯片放映视图中结束幻灯片放映,应执行的操作是_____。

A) 按键盘上的"Esc"键

B) 单击右键并选择"结束放映"

C) 继续按键盘上的向右键,直至放映结束

D) 以上说法都正确

10. 在打印演示文稿之前,通过_____访问打印预览。

A) 在"开始"选项卡上,单击"打印预览"

B) 在"文件"选项卡上,单击"打印"。"打印预览"显示在右侧

C) 在"文件"选项卡上,单击"打印"。"打印预览"显示在"设置"下

D) 在"视图"选项卡上,单击"打印预览"

11. 如果要关闭幻灯片,但不想退出 PowerPoint 程序窗口,可以_____。

A) 选择"文件"选项卡"关闭"命令

B) 选择"文件"选项卡"退出"命令

C）单击 PowerPoint 标题栏上的"关闭"按钮

D）双击窗口左上角的程序图标

12．在 PowerPoint 中，在磁盘上保存的幻灯片文件的后缀是_____。

A）.potx　　　　B）.pptx　　　　　C）.psp　　　　　D）.pps

13．在 PowerPoint 中，将幻灯片打包为可播放文件后其后缀是_____。

A）.ppt　　　　B）.ppz　　　　　C）.psp　　　　　D）.pps

14．在 PowerPoint 中，可对母版进行编辑和修改的视图是_____。

A）幻灯片浏览视图　　　　　　B）备注页视图

C）幻灯片母版视图　　　　　　D）大纲视图

15．在 PowerPoint 中，"文件"选项卡中的"打开"命令的快捷键是_____。

A）Ctrl＋P　　B）Ctrl＋O　　　C）Ctrl＋S　　　D）Ctrl＋N

16．在 PowerPoint 的幻灯片浏览视图中，想选定多张不连续的幻灯片时，要按住_____键。

A）Delete　　B）Shift　　　　C）Ctrl　　　　D）Esc

17．在 PowerPoint 中，不能在"字体"窗口中进行设置的是_____。

A）文字颜色　　B）文字对齐格式　　C）文字字号　　D）文字字形

18．在 PowerPoint 的"切换"选项卡中，允许的设置是_____。

A）设置幻灯片切换时的视觉效果、听觉效果和定时效果

B）只能设置幻灯片切换时的听觉效果

C）只能设置幻灯片切换时的视觉效果

D）只能设置幻灯片切换时的定时效果

19．在幻灯片放映过程中，通过_____不可以回到上一张幻灯片。

A）按"P"键　　B）按"PageUp"键　　C）按"BackSpace"键　　D）按"Space"键

20．在 PowerPoint 中打印文件，以下不是必要条件的是_____。

A）连接打印机

B）对被打印的文件进行打印前的幻灯片放映

C）安装打印驱动程序

D）进行打印设置

21．在 PowerPoint 中，不能实现的功能为_____。

A）设置对象出现的先后次序

B）使两张幻灯片同时放映

C）设置声音的循环播放

D）设置同一文本框中不同段落的相互次序

22．在 PowerPoint 中，设置幻灯片切换时若要采用特殊效果，可以通过_____来实现。

A）"插入"选项卡中的相应按钮

B）"视图"选项卡中的相应按钮

C）"幻灯片放映"选项卡中的相应按钮

D）"切换"选项卡中的相应按钮

23．下列说法正确的是_____。

A) 在幻灯片中插入的声音用一个小喇叭图标表示

B) 在 PowerPoint 中,可以录制声音

C) 在幻灯片中可以插入影片或声音

D) 以上 3 种说法都正确

24. 在 PowerPoint 中,如果要对多张幻灯片进行同样的外观修改,则_____。

A) 必须对每张幻灯片进行修改　　　　B) 只需在幻灯片母版上做一次修改

C) 只需更改标题母版的版式　　　　　D) 没法修改,只能重新制作

25. 在 PowerPoint 中,为当前幻灯片的标题文本占位符添加边框线,首先要_____。

A) 使用"颜色和线条"命令　　　　　　B) 切换至标题母版

C) 选中标题文本占位符　　　　　　　D) 切换至幻灯片母版

26. 要进行幻灯片页面设置、主题选择,可以在_____选项卡中操作。

A) 视图　　　　　B) 插入　　　　　C) 设计　　　　　D) 开始

27. 要对幻灯片母版进行设计和修改时,应在_____选项卡中操作。

A) 设计　　　　　B) 审阅　　　　　C) 插入　　　　　D) 视图

28. 从当前幻灯片开始放映幻灯片的快捷键是_____。

A) Shift + F5　B) Shift + F4　　　C) Shift + F3　　　D) Shift + F2

29. 从第一张幻灯片开始放映幻灯片的快捷键是_____。

A) F2　　　　　B) F3　　　　　　C) F4　　　　　　D) F5

30. 要设置幻灯片中对象的动画效果以及动画的出现方式时,应在_____选项卡中操作。

A) 切换　　　　　B) 动画　　　　　C) 设计　　　　　D) 审阅

31. 要设置幻灯片的切换效果以及切换方式时,应在_____选项卡中操作。

A) 切换　　　　　B) 设计　　　　　C) 开始　　　　　D) 动画

32. 要对幻灯片进行保存、打开、新建、打印等操作时,应在_____选项卡中操作。

A) 文件　　　　　B) 开始　　　　　C) 设计　　　　　D) 审阅

33. 要在幻灯片中插入表格、图片、艺术字、视频、音频等元素时,应在_____选项卡中操作。

A) 文件　　　　　B) 开始　　　　　C) 插入　　　　　D) 设计

34. 要让 PowerPoint 2010 制作的演示文稿在 PowerPoint 2003 中放映,必须将演示文稿的保存类型设置为_____。

A) PowerPoint 演示文稿　　　　　　　B) PowerPoint 97—2003 演示文稿

C) XPS 文档　　　　　　　　　　　　D) Windows Media 视频

35. 希望对齐幻灯片上的标题和图片,以便标题紧挨着图片下方居中对齐。在选择了该图片和标题后,在功能区上单击"图片工具"下的"格式"选项卡。现在,在_____可以找到相应的命令来进行所需的调整。

A)"调整"组中的"更改图片"按钮

B)"排列"组中的"旋转"按钮

C)"排列"组中的"对齐"按钮

D)"图片样式"组中的"图片版式"按钮

二、填空题

1. PowerPoint 的视图方式有_____、_____、_____、_____、_____和备注页视图 6 种。

2. 在 PowerPoint 的普通视图和_____视图模式下,可以改变幻灯片的顺序。

3. 在 PowerPoint 窗口中,用于添加幻灯片内容的主要区域是窗口中间的_____。

4. 在 PowerPoint 工作界面中,_____窗格用于显示幻灯片的序号或选用的幻灯片设计模板等当前幻灯片的有关信息。

5. 添加新幻灯片时,首先应在"开始"选项卡上单击箭头所在的"_____"按钮的下半部分选择它的版式。

6. 快速将幻灯片的当前版式替换为其他版式的方式是,右键单击要替换其版式的幻灯片,然后指向"_____"。

7. 经过_____后的 PowerPoint 演示文稿,在任何一台安装 Windows 操作系统的计算机上都可以正常放映。

8. 在 PowerPoint 中,要删除演示文稿中的一张幻灯片,可以利用鼠标单击要删除的幻灯片,再按下_____键。

9. 如果想让公司的标志以相同的位置出现在每张幻灯片上,不必在每张幻灯片上重复插入该标志,只需简单地将其放在幻灯片的_____上,该标志就会自动地出现在每张幻灯片上。

10. 在 PowerPoint 中,如果要在幻灯片浏览视图中选定若干张编号不连续的幻灯片,那么应先按住_____键,再分别单击各幻灯片。

11. 在 PowerPoint 中,模板是一种特殊的文件,其文件扩展名是_____。

12. 在 PowerPoint 中,单击"文件"选项卡,选择_____命令,可退出 PowerPoint 程序。

13. 在 PowerPoint 中,若想向幻灯片中插入影片,应选择_____选项卡。

14. 要在 PowerPoint 中设置幻灯片动画,应在_____选项卡中进行操作。

15. 要在 PowerPoint 中显示标尺、网格线、参考线,以及对幻灯片母版进行修改,应在_____选项卡中进行操作。

16. 在 PowerPoint 中要用到拼写检查、语言翻译、中文简繁体转换等功能时,应在_____选项卡中进行操作。

17. 在 PowerPoint 中对幻灯片进行页面设置时,应在_____选项卡中操作。

18. 要在 PowerPoint 中设置幻灯片的切换效果以及切换方式,应在_____选项卡中进行操作。

19. 在 PowerPoint 中对幻灯片进行另存、新建、打印等操作时,应在_____选项卡中进行操作。

20. 在 PowerPoint 中对幻灯片放映条件进行设置时,应在_____选项卡中进行操作。

三、操作题

1. 让大纲窗格自动隐藏。

2. 重用其他演示文稿幻灯片。

3. 让幻灯片随窗口大小自动调整显示比例。

4. 使幻灯片内容更安全。

5. 让演示文稿自动保存。

6. 对图形设置了格式后,发现效果不好。现在只更改形状保留格式。

7. 设置幻灯片中的网格大小。

8. 让声音跨幻灯片播放。

9. 只播放音频中需要的片段。

10. 在幻灯片中添加音频和视频文件后,将其压缩成媒体文件。

11. 将自己的模板设置成默认模板。

12. 用最简单的方法将一张幻灯片的配色方案应用到其他幻灯片。

13. 使用母版添加统一的图片。

14. 自定义新版式。

15. 自定义背景颜色。

16. 使用声音突出超链接。

17. 让超链接文本颜色不发生改变。

18. 让链接图片显示文字提示。

19. 删除超链接。

20. 让对象播放动画后隐藏。

21. 取消 PPT 放映结束时的黑屏片。

22. 在打印时不显示标题幻灯片编号。

23. 在一张 A4 的纸张中编排多张幻灯片。

24. 在播放时保持字体不变。

25. 让观众自由引导幻灯片放映。

26. 幻灯片的建立和编辑。

(1) 幻灯片的创建。创建包含 10 张左右的"自我介绍＋节日贺卡"PPT 文件,并以"学号后三位数＋姓名简历.pptx"为文件名保存在相应的文件夹中。例如,将名为"603 张×××简历.pptx"的文件存放在"603 张×××"的文件夹中。

个人简历包含如下内容,每项内容 1～2 张幻灯片。

◆ 姓名、性别、年龄,并粘贴个人照片。

◆ 个人兴趣、爱好。

◆ 学习经历(或母校介绍等)。

◆ 家乡简介。

◆ 个人理想或大学校园生活介绍(贴图)。

◆ 制作 1～2 张节日祝福贺卡。

◆ 结束语。

◆ 致谢。

(2) 幻灯片的编辑。

(3) 幻灯片的格式化。

27. 对 26 题中制作的幻灯片进行放映设置。

(1) 设置动画效果。

（2）设置动作按钮。

（3）插入声音。

（4）设置幻灯片的放映方式。

（5）设置幻灯片切换效果。可以给每张幻灯片设置一种切换效果，也可以给所有幻灯片设置同一种切换效果。

（6）排练计时。设置幻灯片的自动播放效果。练习过程中需要反复排练几次，直至达到满意的播放效果为止。

5.4　参 考 答 案

一、选择题

1～5：BCCBB；　　6～10：ABCDB；　　11～15：ABDCB；　　16～20：CBDDB；

21～25：BDDBC；　26～30：CDADB；　31～35：AACBC。

二、填空题

1. 普通视图、幻灯片浏览视图、幻灯片放映视图、阅读视图、母版视图

2. 幻灯片浏览　　3. 幻灯片窗格　　4. 幻灯片/大纲　　5. 新建幻灯片

6. 版式　　　　　7. 打包　　　　　8. Delete　　　　　9. 母版

10. Ctrl　　　　　11. dotx　　　　　12. 退出　　　　　13. 插入

14. 动画　　　　　15. 视图　　　　　16. 审阅　　　　　17. 设计

18. 切换　　　　　19. 文件　　　　　20. 幻灯片放映

三、操作题

1. 当用户需要用固定模式浏览幻灯片时，就可以将常用的工作视图设置为默认视图。如果要让大纲窗格自动隐藏，则操作步骤如下。

① 依次单击"文件"选项卡、"选项"命令。

② 打开"PowerPoint 选项"对话框，在左窗格单击"高级"选项，在右窗格"显示"组中选择"用此视图打开全部文档"为"普通-备注和幻灯片"选项。

③ 单击"确定"按钮。

2. 在浏览其他演示文稿时，常会发现内容和格式都很好的幻灯片，这可以用到自己的幻灯片中。操作步骤如下。

① 在"开始"选项卡"幻灯片"组中，单击"新建幻灯片"按钮的下拉箭头，在下拉菜单中选择"重用幻灯片"命令。

② 打开"重用幻灯片"窗格，单击"浏览"按钮，在下拉菜单中选择"浏览文件"命令。

③ 打开"浏览"对话框，选择存放演示文稿的路径，选中需要插入的演示文稿，单击"打开"按钮。

④ 将演示文稿中的幻灯片全部导入"重用幻灯片"窗格中，单击幻灯片即可插入到所做的演示文稿中。

⑤ 在插入幻灯片时,如果需要插入时保留格式,单击选中"保留源格式"复选框,单击需要插入的幻灯片。

3. 让幻灯片随窗口大小自动调整显示比例的操作步骤如下。

在幻灯片窗口,单击"显示比例"右侧的"使幻灯片适应当前窗口"按钮 。

4. 对于重要的或者不想让他人看到的幻灯片,可以设置密码保护,以提高演示文稿的安全性。操作步骤如下。

① 依次单击"文件"选项卡、"信息"命令、"保护演示文稿"按钮。

② 在弹出的列表中选择"用密码进行加密"命令。

③ 打开"加密文档"对话框,在密码框中输入密码,单击"确定"按钮。

④ 打开"确认密码"对话框,在"重新输入密码"框中输入密码,单击"确定"按钮。

5. 在编辑演示文稿的过程中,有可能发生死机或断电等意外情况,导致正在编辑的内容丢失,因此可以设置自动保存,让 PowerPoint 每隔一段时间就保存一次。操作步骤如下。

① 依次单击"文件"选项卡、"选项"命令。

② 打开"PowerPoint 选项"对话框,在左窗格单击"保存"选项,在右窗格"保存演示文稿"组的"保存自动恢复信息时间间隔"框中输入时间。

③ 单击"确定"按钮。

6. 对图形设置了格式后发现效果不好,若只更改形状但保留格式,则操作步骤如下。

① 选择需要更改的形状。

② 在"绘图工具"选项卡"格式"子选项卡"插入形状"组中,单击"编辑形状"按钮。

③ 在下拉列表中指向"更改形状"命令,在下一级列表中单击选择需要的形状。

7. 利用网格来对齐对象十分方便。显示网格越密,对齐参考价值就越大。设置幻灯片中网格大小的操作步骤如下。

① 在"视图"选项卡"显示"组中,单击右下角的"对话框启动器"。

② 打开"网格线和参考线"对话框,如图 5.7 所示。

③ 在"网格设置"栏设置"间距"(如 0.125 厘米)。

④ 单击"确定"按钮。

8. 如果插入的音频与整个演示文稿相符,为了提高效率,那么可以让声音跨幻灯片播放,而不需要重新插入音频。操作步骤如下。

① 在幻灯片中,选中插入的音频对象。

② 在"音频工具"选项卡"播放"子选项卡"音频选项"组中,单击"开始"框右侧的下拉箭头,在弹出的下拉列表中选择"跨幻灯片播放"。

9. 若只播放音频中需要的片段,则可对插入的音频进行裁剪。操作步骤如下。

① 在幻灯片中,选中插入的音频对象。

② 在"音频工具"选项卡"播放"子选项卡"编辑"组中,单击"剪裁音频"按钮。

③ 打开"剪裁音频"对话框,如图 5.8 所示。在"开始时间"和"结束时间"框中输入音频起始值和音频终止值。

④ 单击"确定"按钮。

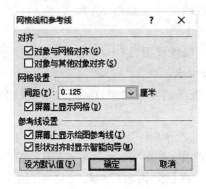

图 5.7 "网格线和参考线"对话框

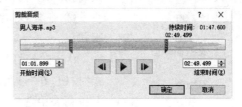

图 5.8 "剪裁音频"对话框

10. 在幻灯片中添加音频和视频文件后,将其压缩成媒体文件,以减小音频和视频的大小,提高幻灯片的播放质量。操作步骤如下。

① 依次单击"文件"选项卡、"信息"命令、"压缩媒体"按钮,在下拉列表中选择"演示文稿质量"命令。

② 打开"压缩媒体"对话框,等待压缩进度,压缩完成后单击"关闭"按钮。

11. 若在新建演示文稿时使用自己的模板而不是空白模板,可以按照下列操作步骤将自己的模板设置成默认模板。

① 依次单击"文件"选项卡、"另存为"命令。

② 打开"另存为"对话框,在"保存类型"下拉列表中选择"PowerPoint 模板"选项,在"文件名"文本框中输入文件名。

保存为模板文稿后,启动 PowerPoint 或新建演示文稿时,都直接显示模板文稿的格式。

12. 用最简单的方法将一张幻灯片的配色方案应用到其他幻灯片。操作步骤如下。

① 选择所需的配色方案的幻灯片。

② 在"开始"选项卡"剪贴板"组中,单击"格式刷"按钮。

③ 将鼠标指针移到需要复制配色方案的幻灯片,当指针变成带格式刷的样式时,单击鼠标左键。

13. 制作演示文稿时,加上企业的徽标,可以使用母版添加统一的图片。操作步骤如下。

① 在"视图"选项卡"母版视图"组中,单击"幻灯片模板"按钮,打开"幻灯片母版"选项卡。

② 在"幻灯片母版"视图的左窗格中,选择第一张幻灯片版式。

③ 在"插入"选项卡"图像"组中,单击"图片"按钮。

④ 打开"插入图片"对话框,选择图片保存路径,选中需要插入的图片,单击"插入"按钮。

⑤ 插入图片后,自动切换到"图片工具"选项卡"格式"子选项卡;若有必要,则在"大小"组中单击"裁剪"按钮,用鼠标拖曳裁剪标记裁剪图片,裁剪完成后,单击幻灯片编辑区域任意位置,退出裁剪状态;若有必要,则在"大小"组中调整图片大小。

⑥ 依次单击"幻灯片母版"选项卡、"关闭"组中的"关闭母版视图"按钮。

⑦ 在状态栏单击"幻灯片浏览视图"按钮,即可看到统一的图片。

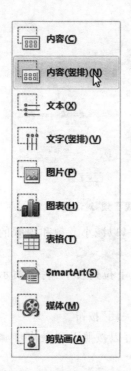

图 5.9 "插入占位符"
下拉列表

14. 如果找不到合适的演示文稿版式,那么可以自定义新版式。操作步骤如下。

① 在"视图"选项卡"母版视图"组中,单击"幻灯片母版"按钮,打开"幻灯片母版"选项卡。

② 在"幻灯片母版"视图的左窗格中,选择最后一张幻灯片版式。

③ 在"幻灯片母版"选项卡"编辑母版"组中,单击"插入版式"按钮;在"母版版式"组中,单击"插入占位符"下拉箭头,在下拉列表中选择一种占位符(如"内容(竖排)")命令,如图 5.9 所示。

④ 在需要出现占位符的位置上,按住鼠标左键拖曳鼠标,即可绘制指定大小的占位符。

⑤ 重复步骤③、④,绘制其他需要的占位符。

⑥ 依次单击"幻灯片母版"选项卡"关闭"组中的"关闭母版视图"按钮。

自定义好新版式后,编辑演示文稿时就可以使用这个新版式了。

15. 若幻灯片的背景不符合演示文稿主题,那么可以自定义背景颜色。操作步骤如下。

① 在"设计"选项卡"背景"组中,单击"背景样式"按钮,在下拉列表中选择"设置背景格式"命令。

② 打开"设置背景格式"对话框,如图 5.10 所示。

③ 在左窗格单击"填充",在右窗格选中"渐变填充"单选钮;在"预设颜色"列表框中选择所需要的渐变颜色;单击"类型"框右侧的下拉箭头,在下拉列表中选择"标题的阴影"选项;在"渐变光圈"中选择颜色条,在"颜色"列表框中选择所需要的颜色。

④ 单击"关闭"按钮。

16. 若希望用声音突出超链接,则可以为超链接添加声音。操作步骤如下。

① 在幻灯片中,选择需要进行超链接的对象。

② 在"插入"选项卡"链接"组中,单击"动作"按钮。

③ 打开"动作设置"对话框,如图 5.11 所示。在"单击鼠标"选项卡中选中"超链接到"单选钮;选中"播放声音"复选框,单击"播放声音"框右侧的下拉箭头,在列表中选择"鼓掌"选项。

④ 单击"确定"按钮。

17. 默认情况下,设置文本对象超链接后,在放映过程中单击文字,文字颜色都会发生相应变化。若要让超链接文本颜色不发生变化,与原来的颜色(如黑色)一样,则可对其进行设置。操作步骤如下。

① 在幻灯片中,选择需要进行超链接的文本对象。

② 在"设计"选项卡"主题"组中,单击"颜色"按钮,在下拉列表中选择"新建主题颜色"命令。

图 5.10 "设置背景格式"对话框   图 5.11 "动作设置"对话框

③ 打开"新建主题颜色"对话框,如图 5.12 所示。在"主题颜色"列表中,选择"超链接"的颜色为"黑色",选择"已访问的超链接"的颜色也为"黑色"。

④ 单击"保存"按钮。

18. 为幻灯片设置超链接时可以利用屏幕提示功能,在幻灯片放映时给浏览者提供提示效果,如让链接图片显示文字提示。操作步骤如下。

① 在幻灯片中选中图片对象。

② 在"插入"选项卡"链接"组中,单击"超链接"按钮。

③ 打开"插入超链接"对话框,如图 5.13 所示,单击"屏幕提示"按钮。

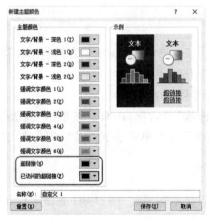

图 5.12 "新建主题颜色"对话框

图 5.13 "插入超链接"对话框

④ 打开"设置超链接屏幕提示"对话框,如图 5.14 所示。在"屏幕提示文字"文本框中输入所需的提示,如"积分制管理培训"。

⑤ 单击"确定"按钮。

19. 删除超链接。

① 在幻灯片中,选中已设置超链接的对象。

图 5.14 "设置超链接屏幕
提示"对话框

② 在"插入"选项卡"链接"组中,单击"超链接"按钮。

③ 打开"编辑超链接"对话框,如图 5.15 所示,单击"删除链接"按钮。

图 5.15 "编辑超链接"对话框

20. 当播放设置了动画的幻灯片时,有时为了不影响后面出场的动画,需要将幻灯片播放动画后隐藏起来。操作步骤如下。

图 5.16 动画"效果选项"命令

① 在"动画"选项卡"高级动画"组中,单击"动画窗格"按钮,以显示动画窗格。

② 在"动画窗格"中,用鼠标右键单击需要设置动画播放后效果的动画,在下拉列表中选择"效果选项"命令,如图 5.16 所示。

③ 打开"淡出"(设置的动画效果为"淡出")对话框,在"效果"选项卡"增强"组中选择"动画播放后"为"播放动画后隐藏"选项,如图 5.17 所示。

④ 单击"确定"按钮。

21. 每次播放完幻灯片后,屏幕总会显示为黑屏,取消 PPT 放映结束时黑屏片的操作步骤如下。

① 依次单击"文件"选项卡"选项"命令。

② 打开"PowerPoint 选项"对话框,在左窗格单击"高级"选项,在右窗格"幻灯片放映"组中单击去掉"以黑幻灯片结束"复选框中的钩。

③ 单击"确定"按钮。

22. 当插入幻灯片编号时,系统默认在所有幻灯片中显示编号。在打印时不显示标题幻灯片编号的操作步骤如下。

① 在"插入"选项卡"文本"组中,单击"幻灯片编号"按钮。

② 打开"页眉和页脚"对话框,如图 5.18 所示。在"幻灯片"选项卡中选中"幻灯片编号"复选框、"标题幻灯片中不显示"复选框。

③ 单击"全部应用"按钮。

23. 打印幻灯片时,默认每页只打印一张幻灯片。若要在一张 A4 的纸张中编排多张幻灯片,则操作步骤如下。

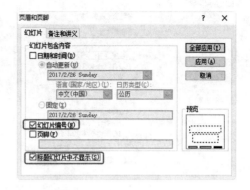

图 5.17 "淡出"对话框　　　　　　　　　图 5.18 "页眉和页脚"对话框

① 依次单击"文件"选项卡、"打印"命令。

② 在右窗格中单击"整页幻灯片"按钮,在列表中选择"4 张水平放置的幻灯片"或"4 张垂直放置的幻灯片"。

24. 由于每台计算机中所安装的字体文件不尽相同,因此在 A 计算机上制作完成的演示文稿在 B 计算机上打开时,字体可能会发生改变。让幻灯片在播放时保持字体不变的操作步骤如下。

① 依次单击"文件"选项卡、"选项"命令。

② 打开"PowerPoint 选项"对话框,在左窗格单击"保存"选项,在右窗格"共享此演示文稿时保持保真度"中,选中"将字体嵌入文件"复选框,如图 5.19 所示。

图 5.19 "PowerPoint 选项"对话框"保存"选项

③ 单击"确定"按钮。

25. 将幻灯片设置为让观众自由引导幻灯片放映的操作步骤如下。

① 按下 Shift 键的同时,单击演示文稿窗口左下角的"幻灯片放映"按钮。

② 打开"设置放映方式"对话框,如图 5.20 所示。在"放映类型"组中选中"观众自行浏览(窗口)"单选钮。

③ 单击"确定"按钮。

26. 略。

27. 略。

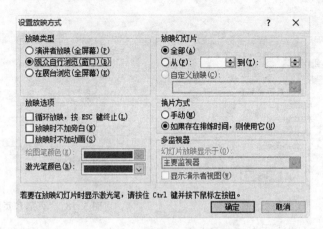

图 5.20 "设置放映方式"对话框

第6章 Internet 的初步知识和应用

6.1 知 识 要 点

6.1.1 计算机网络概述

1. 网络的定义

计算机网络是利用通信线路把地理上分散的多台计算机系统通过通信设备连接起来，在网络软件支持下实现信息交换和资源共享的系统。

2. 计算机网络发展简史

（1）面向终端的计算机网络，又称为"主机-终端"系统。

（2）多机互联系统，是现代计算机网络的雏形，ARPANET 是 Internet 的起源。

（3）计算机网络在功能上更加丰富，除了能进行数据通信外，还可以资源共享、分布处理等，其代表是 Internet。

3. 网络的功能

（1）信息交换。这是计算机网络最基本的功能，主要完成计算机网络各节点之间的数据传输，是实现其他功能的基础。

（2）资源共享。网络上的计算机不仅可以使用本机的资源，也可以共享网上其他系统的资源。所谓"资源"是指构成计算机系统的软件、硬件和数据等。

（3）分布式处理。一些大型的任务可以划分为许多部分，由网络内一些计算机分别完成有关部分任务。

（4）综合信息服务。通过计算机网络向全社会提供各种经济信息、科研情报和咨询服务。Internet 中的 WWW 服务就是典型例子。

6.1.2 计算机网络的组成和分类

1. 计算机网络的组成

计算机网络一般由计算机硬件、软件、通信设备和通信线路组成，也可以从功能上将计算机网络划分为通信子网和资源子网。

通信子网由通信设备和通信线路组成，担负全网传输数据和交换信息的工作。

资源子网又叫数据处理子网，是通信服务的使用者，具有处理各种资源和数据的能力，以实现最大限度的网络资源共享。

2. 计算机网络的分类

（1）按计算机网络的作用范围划分，可分为局域网和广域网。

（2）按信息传输技术划分，可分为广播式网络和点到点网络。

（3）按照信号频带占用的方式划分，可分为基带网和宽带网。

（4）按拓扑构形来划分，可分为星型连接网、环型网、总线网、树型连接网、完全连接网、交叉连接网及不规则连接网。

6.1.3　计算机网络拓扑结构

所谓拓扑结构是指网络各节点在网络中的连接形式，常见的拓扑结构有以下几种。

（1）总线型结构。这是使用同一媒体或电缆连接所有节点的一种方式。由于只有一条共享信道，所以在一个时刻只能有一个站发送数据。使用这种结构必须解决节点争用总线的问题。

（2）星型结构。此结构中每个节点均以一条单独信道与中心主节点相连，这种结构对主节点的可靠性要求较高。

（3）环状结构。此结构中网络各节点通过一条首尾相连的通信链路连接起来形成一个闭合的环。环型结构初始安装容易，但重新配置较难。

（4）树型结构。这是一种分层结构，是星型结构的扩展，有根节点和各分支节点。

（5）网状结构。将分布在不同地点的计算机系统经信道连接而成，形状任意。

6.1.4　传输媒介

传输媒介可分为有线和无线两类。常用的传输媒介有双绞线、同轴电缆、光缆、无线电波、微波和红外线等。

（1）双绞线。双绞线可分为非屏蔽双绞线和屏蔽双绞线两大类。其主要特点是价格便宜，抗高频干扰能力较低。目前最常用的是5类8芯双绞线，它支持的最大干线长度为100米。

（2）同轴电缆。同轴电缆一般由内部导体环绕绝缘层以及绝缘层外的金属屏蔽网和最外层的护套组成，按直径可分为粗缆和细缆。

（3）光纤。光纤由两层折射率不同的材料组成。频带极宽，传输速率极高，传输距离远，损耗及误码率小，抗干扰性能好，数据保密性高，但安装困难，维护费用高。

（4）无线传输介质。无线传输介质主要是微波通信。其特点是通信容量大，受外界干扰小，传输质量高。

6.1.5　网络硬件和网络操作系统

网络硬件包括计算机设备和网络连接设备。计算机设备包括服务器、工作站、共享设备等。网络连接设备包括网络适配器、中继器、集线器、传输线和网间连接的网桥、路由器等。

典型的网络操作系统有 Windows NT、UNIX、NetWare 和 Windows 2000 等。

6.1.6　网络参考模型

为了保证计算机网络的开放性与兼容性，网络间的通信协议必须遵循标准化的体系结构。1978 年由国际标准化组织（International Standard Organization，ISO）为网络通信定义了一种参考模型，称为开放系统互联参考模型（Open System Interconnect Reference Model,OSI/RM)。开放系统互联参考模型从低到高共分7层。

（1）物理层（Physical Layer）：给出了在一个通信信道的物理媒体上传输原始二进制数据流时的协议。

（2）数据链路层（Data Link Layer）：给出了把二进制数据流划分为"数据帧"，并依照一定规则传输与处理的协议。

（3）网络层（Network Layer）：通过把要传送的数据划分成更小的"分组"（Packet），规定分组的格式，给出使分组经过通信子网正确地从源地传送到目的地的协议。

（4）传输层（Transport Layer）：传输层协议可以根据高层用户的请求建立起有效的网络通信连接，处理端到端之间通信的差错控制、恢复处理和流量控制问题，也可以方便撤销与拆除网络连接。

（5）会话层（Session Layer）：允许在不同主机的进程之间进行会话。

（6）表示层（Presentation Layer）：为应用层提供传输的信息在表示方面的规则与协议。

（7）应用层（Application Layer）：为用户提供网络管理、文件传输、事务处理等服务。

在目前实用网络协议中，都把后三层包括在应用层协议中。

6.1.7 Internet 基本技术

Internet 是一个在全球范围内将众多网络连接形成的互联网。

1. 分组交换技术

Internet 传输数据时采用的是分组交换技术。分组交换结合了报文交换和线路交换的优点，同时把两者的缺点降到了最低。这种技术将传输的信息划分成一些较小的、独立的信息包（分组），然后将信息包经不同的路由进行传递。每个分组（Packet）都由头（Header）、体（Body）和尾（Trailer）组成。头中包含了有关接收者的信息及该分组所属的分组序列指示；体中包含了传输数据的主要信息部分；尾中包含了分组结束标志。

2. TCP/IP

TCP/IP 是互联网的信息交换规则、规范的集合体。TCP/IP 是一个协议族，TCP 和 IP 是其中两个最重要的协议。以下是 TCP/IP 协议族中的几个常用协议。

（1）传输控制协议（Transmission Control Protocol，TCP）对应于 OSI 参考模型中的传输层，提供了可靠的面向连接的数据流传输服务的规则和约定。

（2）网际协议（Internet Protocol，IP）对应于 OSI 参考模型中的网络层，是网络层中最重要的协议，规定了网络报文分组的标准。

（3）远程终端通信协议（Telnet Telecommunication Network）用于网内的远程计算机登录。

（4）文件传输协议（File Transfer Protocol，FTP）用于网内计算机间传输文件。

（5）简单邮件传输协议（Simple Mail Transfer Protocol，SMTP）用于网内传输电子邮件。

（6）超文本传输协议（Hype-Text Transfer Protocol）用于在万维网上浏览时传输超文本协议等。

（7）域名服务（Domain Name Service，DNS）提供域名到 IP 地址的转换。

3. IP 地址、域名及 Internet 地址

(1) IP 地址是连接到 Internet 上的每台计算机的一个唯一地址。IP 地址由 32 位二进制数组成,通常将 IP 地址分为 4 组,每组 8 位二进制数,每组数字值的范围是 0～255,每组数字之间以圆点隔开。

(2) 为了方便用户,将 IP 地址映射为一个名字(字符串),即域名。域名的命名规则为:主机名.网络名.机构名.最高域名。

(3) Internet 地址也称网址,又称统一资源定位符,它通常由两部分组成:协议和域名。

4. IE 浏览器

IE 浏览器是微软公司开发的一款网络浏览器。

(1) 网页的浏览:单击主页(即启动 Internet Explorer 时显示的网页)中的任何链接即可开始浏览网页。通过将鼠标指针移过网页上的项目,可以识别出该项目是否为链接。如果指针变成手形,表明它是链接。链接可以是图片、三维图像或彩色文本(通常带下划线)。

(2) 网页的改变:在地址栏中键入 Internet 地址,然后单击"转到"按钮即可改变网页。单击"后退"按钮返回上次查看过的网页;单击"前进"按钮可查看在单击"后退"按钮前查看的网页。单击"后退"或"前进"按钮旁边的向下小箭头,可查看刚访问的网页列表。单击"主页"按钮可返回每次启动 Internet Explorer 时显示的网页。单击"收藏"按钮可从收藏夹列表中选择站点。单击"历史"按钮可从最近访问过的站点列表中选择站点。

(3) 查找所需信息:单击工具栏上的"搜索"按钮可访问多个搜索提供商,在搜索框中键入单词或短语,或者在地址栏中先键入 go、find 或 ?,再键入要搜索的单词或短语,按"Enter"键之后 Internet Explorer 将使用预置的搜索提供商开始搜索;或者在进入网页后,单击"编辑"菜单,然后单击"在此网页上查找",可搜索指定文本。

6.1.8 Internet 的基本服务

Internet 为网络用户提供了极其丰富的服务,常见的有如下服务。

1. 电子邮件(E-mail)

电子邮件是 Internet 上使用最广泛的一种服务,采用了简单的邮件传输协议。

(1) E-mail 地址即电子邮件地址。它的标准格式是:用户名@主机域名。

(2) 电子邮件内容必须是文本格式,其他格式的文件可以以附件的形式发送。

(3) 电子邮件的发送在 Outlook Express 中可以同时给一个或多个地址发送电子邮件,可以脱机撰写邮件,等联机后再发送。

(4) 在 Outlook Express 中单击"发送和接收"按钮,系统将自动从邮件服务器里自己的邮箱中接收新邮件。双击邮件列表中的邮件即可阅读该邮件。

2. 远程登录(Telnet)

远程登录为用户使用别的主机上的信息、软件和硬件资源提供服务。用户通过远程终端仿真协议将自己的计算机变成 Internet 上另一主机系统的远程终端,从而使用该主机系统的各种硬件、软件资源。可以使处理能力较弱的用户利用功能强大的异地主机,增强自己的工作能力,完成力所不能及的任务。

3. 文件传输协议(FTP)

Internet 中的 FTP 服务是提供文件传输功能的网络工具。FTP 使用 TCP/IP 实现远程登录,用户可以直接与远程主机进行交互,并可下传存储在远程主机上的数据,或将用户端数据传给远程主机。数据可以是文本、程序,还可以是多媒体信息(图像、声音、动画等)。

4. 超文本链接与 WWW

WWW 是 World Wide Wed 的缩写,又称万维网。WWW 中使用的文本是超文本。超文本是一个包含与其他文件链接的文本格式文件,这种特性使得用户容易从正在阅读的文件进入另一个有关的文件。这种与其他文件的链接叫超文本链接。用户可以利用 WWW 对 Internet 的各种数据资源进行检索,从而方便获取各种文本文件、超文本文件(图像、声音、动画等)。

5. 网络新闻组

网络新闻组(USENET)是一个世界范围的论坛,在这些新闻组中,具有某一种相同兴趣的群体可以相互交流,互通消息。

6. 电子公告栏系统

电子公告栏系统(BBS)是 Internet 提供的一种社区服务。它具有在远程或局部区域内进行信息交流(包括布告栏、讨论区、聊天室、下载文件、收发邮件等)的功能。

7. 即时通信

即时通信(Instant Messenger,IM)是一个终端连接即时通信网络的服务。与 E-mail 不同,这种沟通、交流是即时的。大部分的即时通信服务都提供了状态信息的特征——显示联络人名单、联络人是否在线,以及能否与联络人交谈。

在 Internet 上较为流行的即时通信服务包括 QQ、Windows Live Messenger、Skype、Yahoo、Messenger 和 ICQ 等。

8. 域名系统

域名系统(DNS)是计算机域名系统(Domain Name System)或域名解析服务器(Domain Name Service)的缩写,它由解析器以及域名服务器组成。它是 Internet 的一项核心服务,它作为可以将域名和 IP 地址相互映射的一个分布式数据库,能够使人更方便地访问互联网,而不用去记住能够被机器直接读取的 IP 数据串。

域名服务器是指保存有该网络中所有主机的域名和对应的 IP 地址,并具有将域名转换为 IP 地址功能的服务器。DNS 使用的 TCP 与 UDP 端口号都是 53,主要使用 UDP,服务器之间备份使用 TCP。

6.1.9　网络信息安全的概念和防控

1. 基本概念

网络信息安全是一个关系国家安全和主权、社会稳定、民族文化继承和发扬的重要问题。其重要性,正随着全球信息化步伐的加快越来越重要。

网络信息安全是一门涉及计算机科学、网络技术、通信技术、密码技术、信息安全技术、应用数学、数论、信息论等多门学科的综合性学科,包括信息数据的存储、处理、传输的安全,信息的保密性、完整性和可用性。信息保密性是为了防止非授权者获取、破坏信息系统中的秘密信息;信息完整性是保护信息及处理方法的精确性、有效性,防止信息数据被篡改和破坏;信息可用性是保证网络资源在需要时即可使用,不因为系统的故障或误操作而使资源丢失或不能被使用,还包括具有某些不正常情况下系统的继续运行的能力。

从用户的角度来说,希望涉及个人隐私或商业利益的信息在网络上传输时受到机密性、完整性和真实性的保护,避免其他人利用窃听、冒充、篡改等手段侵犯用户的利益和隐私,同时也避免其他用户的非授权访问和破坏。

从环境和应用的角度看,网络安全可分为运行系统安全、网络上系统信息的安全、网络上信息传播的安全和网络上信息内容的安全等。

2. 网络信息安全的特征

网络信息安全有以下 5 个特征。

1) 完整性

完整性是指信息在传输、交换、存储和处理过程中保持不被修改、不被破坏和不被丢失的特性,即保持信息原样性,使信息能正确生成、存储、传输,这是最基本的安全特征。

2) 保密性

保密性是指信息按给定要求不泄露给非授权的个人、实体或过程,或提供其利用的特性,即杜绝有用信息泄露给非授权个人或实体,强调有用信息只被授权对象使用的特征。

3) 可用性

可用性是指网络信息可被授权实体正确访问,并按要求能正常使用或在非正常情况下能恢复使用的特征,即在系统运行时能正确存取所需信息,当系统遭受攻击或破坏时,能迅速恢复并能投入使用。可用性是衡量网络信息系统面向用户的一种安全性能。

4) 不可否认性

不可否认性是指通信双方在信息交互过程中,确信参与者本身及参与者所提供的信息的真实同一性,即所有参与者都不可能否认或抵赖本人的真实身份,以及提供信息的原样性和完成的操作与承诺。

5) 可控性

可控性是指对流通在网络系统中的信息传播及具体内容能够实现有效控制的特性,即网络系统中的任何信息要在一定传输范围和存放空间内可控。除了采用常规的传播站点和传播内容监控这种形式外,最典型的如密码的托管政策,当加密算法交由第三方管理时,必须严格按规定可控执行。

3. 网络信息安全威胁的因素

现在的计算机信息网络系统安全威胁主要来自外部威胁和内部威胁 2 个方面。

1) 外部威胁

外部威胁一是无组织的黑客攻击,二是有组织的网络攻击。前者是个人行为,后者则发展为信息战。二者都是凭借计算机技术和通信技术侵入到计算机网络信息系统中,但黑客攻击相对独立无组织,而网络攻击是有组织的军事斗争手段,是信息战的一种形态。

外部攻击有 2 种目的。一是以刺探、破坏信息为目的;二是获取信息内的秘密文件,进而为篡改文件命令,即获取情报为目的。前者主要表现为各种计算机病毒,后者则是秘密地窃取情报,与前者相比,后者更不容易被发现,所造成的危害也就更深远一些。

2) 内部威胁

内部人员的威胁行为分为违规操作和恶意报复。其中,违规操作是造成外部威胁得逞的主要原因。如内部人员擅自通过实名计算机直接进入因特网,造成计算机内存储的秘密文件被窃;又如不经病毒过滤擅自从互联网上下载多媒体影音数据,造成计算机感染病毒。另外,内部人员的恶意报复在企业中也时有发生,如对企业不满的计算机工作人员恶意破坏数据库软件,造成数据丢失和系统故障;企业的工业间谍还通过信息系统获取工业秘密,造成企业的重大损失;银行内部的计算机员工利用计算机对银行业务的识别进行计算机犯罪等。

4. 网络信息安全的防控

网络信息安全的防控包括安全管理和安全技术 2 个方面。构建完善的网络安全管理体系是网络信息安全防控的重要环节。网络的信息安全技术主要有访问控制与目录管理、数据加密、身份鉴定与鉴别及 TCP/IP 安全协议、防火墙技术等。

1) 安全管理

安全管理主要针对人,无论是通过各种安全制度约束,还是利用各项技术对人进行管理,目的都是约束“人”的行为,不给安全威胁可乘之机。一是要教育员工的网络安全意识,这是最重要的;二是要对员工的网络行为进行规范化管理;三是要为网络信息安全提供足够的资金支持。

2) 安全技术

(1) 网络安全应用结构优化。它包括应用性能管理、安全内容管理、安全事件管理、用户接入管理、网络资源管理、端点安全管理等 6 个方面。

(2) 网络流量监测。通过网络流量检测,能够了解网络当中的数据流状况,包括流量大小、来源和目的,由何种应用产生,数据量的大小等。

(3) 应用防火墙技术。防火墙技术是一种运行专门的计算机安全软件的计算机系统。可以在内部网和外部网之间构造一个屏障。防火墙可分为两大类:网络级防火墙(包括过滤型防火墙)和应用级防火墙(网关型防火墙)。

6.2　案　例　分　析

例 6.1　地理上跨越城市、地区的网络称为_____。

A) LAN　　　　　B) WAN　　　　　　C) Internet　　　　　　D) MAN

答:B。

知识点:计算机网络分类。

分析:按地理范围细分,网络可分为 LAN、MAN、WAN 及互联网。

LAN 的作用范围较小,一般在 1 千米的数量级,通常位于一栋或一组建筑中。

MAN 是覆盖一个城市或地区的网络,覆盖范围约在 10 千米的数量级。

WAN 是覆盖范围在 100 千米数量级或以上的网络。

互联网是多个网络互相连接所形成的网络,也可以认为是一个 WAN。

例 6.2　在 OSI 参考模型的 7 层结构中,能直接通信的是_____。

A) 数据链路层间　B) 应用层间　　　　C) 网络层间　　　　D) 物理层间

答:D。

知识点:网络模型。

分析:在 OSI 参考模型中,物理层以上的各层把数据从上一层传到下一层,最终由物理层通过物理介质发送出去,另一方的物理层收到信息后,物理层以上各层从下一层获得数据。所以,只有物理层间能够直接通信。

例 6.3 以下不能采用光纤连接的网络拓扑是＿＿＿＿＿。

A) 总线型　　　　B) 环型　　　　　　C) 星型　　　　　　D) 树型

答:A。

知识点:网络设备、Internet 连接。

分析:光纤连接目前只适合点—点型连接。

例 6.4 下列我国某高校(syzy)校园网服务器(zxserver)在 Internet 中的域名正确的是＿＿＿＿＿＿。

A) zxserver. syzy. edu. cn　　　　　　B) cn. edu. zxserver. syzy

C) edu. cn. syzy. zxserver　　　　　　D) syzy. zxserver. edu. cn

答:A。

知识点:域名。

分析:域名的结构一般为:主机名. 网络名. 机构名. 最高域名。该题中的主机名是 zxserver,网络名应该是 syzy,而高校一般划为教育机构,所以机构名是 edu,中国的顶级域名是 cn。

例 6.5 下列网址正确的是＿＿＿＿＿＿。

A) http://www. yahoo. com　　　　　B) http@www. yahoo. com

C) kkk://www. yahoo. com　　　　　　D) ftp@www. yahoo. com

答:A。

知识点:网址。

分析:网址一般结构为:协议://域名,@用于电子邮件地址中。

例 6.6 以下 IP 地址正确的是＿＿＿＿＿＿。

A) 123. 345. 123. 1　B) 128. 193. 1　　C) 197. 168. 0. 1　　D) 197. 256. 0. 1

答:C。

知识点:IP 地址。

分析:IP 地址由四组十进制数组成,每一组数占 8 位二进制位,所以每组数的表示范围是 0～255,每组数间以“.”隔开。

例 6.7 以下不属于防火墙技术的是＿＿＿＿＿＿。

A) IP 过滤　　　B) 线路过滤　　　　C) 应用层代理　　D) 计算机病毒监测

答:D。

知识点:网络安全。

分析:计算机病毒监测只是防火墙的附加功能之一,不是防火墙主要采用的技术。

例 6.8 MODEM 的主要作用是＿＿＿＿＿＿。

A) 帮助打字　　　　　　　　　　　　B) 显示图形

C) 游戏操纵杆 D) 实现数字信号与模拟信号之间的转换

答：D。

知识点：Internet 拨号连接。

分析：MODEM 也称调制解调器，主要作用是实现计算机内部数字信号与外部传输介质上的模拟信号之间的转换。

例 6.9 下列关于电子邮件的说法，正确的是_____。

A) 收件人必须有 E-mail 账号，发件人可以没有 E-mail 账号

B) 发件人必须有 E-mail 账号，收件人可以没有 E-mail 账号

C) 发件人和收件人均必须有 E-mail 账号

D) 发件人必须知道收件人的邮政编码

答：C。

知识点：Internet 服务、电子邮件。

分析：电子邮件是 Internet 最广泛使用的一种服务，任何用户存放在自己计算机上的电子信函可以通过 Internet 的电子邮件服务传递到另外的 Internet 用户的信箱中去。反之，你也可以收到从其他用户那里发来的电子邮件。发件人和收件人均必须有 E-mail 账号。

例 6.10 用"综合业务数字网"（又称"一线通"）接入因特网的优点是上网通话两不误，它的英文缩写是_____。

A) ADSL B) ISDN C) ISP D) TCP

答：B。

知识点：网络的基本概念、ADSL、ISP、TCP/IP。

分析：ADSL 是非对称数字用户线的缩写；ISP 是指因特网服务提供商；TCP 是协议。

6.3 强 化 训 练

一、选择题

1. 计算机网络按其覆盖的范围，可划分为_____。

   A) 以太网和移动通信网 B) 电路交换网和分组交换网

   C) 局域网、城域网和广域网 D) 星型结构、环型结构和总线型结构

2. 计算机网络的目标是实现_____。

   A) 数据处 B) 文件检索

   C) 资源共享和数据传输 D) 信息传输

3. 下列域名中，表示教育机构的是_____。

   A) ftp. bta. net. cn B) ftp. cnc. ac. cn

   C) www. ioa. ac. cn D) www. buaa. edu. cn

4. 下列属于计算机网络所特有的设备是_____。

   A) 显示器 B) UPS 电源 C) 服务器 D) 鼠标

5. 统一资源定位器 URL 的格式是_____。

   A) 协议://IP 地址或域名/路径/文件名

B) 协议://路径/文件名

C) TCP/IP

D) http

6. 计算机网络拓扑是通过网络中节点与通信线路之间的几何关系反映出网络中各实体间的_____。

A) 逻辑关系　　　B) 服务关系　　　C) 结构关系　　　D) 层次关系

7. 下列各项中,非法的 IP 地址是_____。

A) 126. 96. 2. 6　　　　　　B) 190. 256. 38. 8

C) 203. 113. 7. 15　　　　　D) 203. 226. 1. 68

8. 下面关于光纤叙述不正确的是_____。

A) 光纤由能传导光波的石英玻璃纤维加保护层组成

B) 用光纤传输信号时,在发送端先要将电信号转换成光信号,而在接收端要由光检测器还原成电信号

C) 光纤在计算机网络中普遍采用点到点连接

D) 光纤无法在长距离内保持较高的数据传输率

9. 对于众多个人用户来说,接入因特网最经济、简单、采用最多的方式是_____。

A) 专线连接　　B) 局域网连接　　C) 无线连接　　D) 电话拨号

10. 单击 Internet Explorer 11.0 地址栏中的"刷新"按钮,下面有关叙述一定正确的是_____。

A) 可以更新当前显示的网页

B) 可以终止当前显示的传输,返回空白页面

C) 可以更新当前浏览器的设置

D) 以上说法都不对

11. Internet 在中国被称为因特网或_____。

A) 网中网　　B) 国际互联网　　C) 国际联网　　D) 计算机网络系统

12. 下列不属于网络拓扑结构形式的是_____。

A) 星型　　B) 环型　　C) 总线型　　D) 分支型

13. Internet 上的服务都是基于某一种协议,Web 服务是基于_____。

A) SNMP　　B) SMTP　　C) HTTP　　D) TELNET 协议

14. 下面关于 TCP/IP 的叙述不正确的是_____。

A) 全球最大的网络是因特网,它所采用的网络协议是 TCP/IP

B) TCP/IP 即传输控制协议和因特网协议

C) TCP/IP 本质上是一种采用报文交换技术的协议

D) TCP 协议用于负责网上信息的正确传输,而 IP 协议则是负责将信息从一处传输到另一处

15. 电子邮件地址由两部分组成,用@分开,其中@号前为_____。

A) 用户名　　B) 机器名　　C) 本机域名　　D) 密码

16. 若干台功能独立的计算机,在_____的支持下,用双绞线相连的系统属于计算机网络。

A）操作系统　　B）TCP/IP　　　　C）计算机软件　　　D）网络软件

17. 不能作为计算机网络中传输介质的是_____。

A）微波　　　B）光纤　　　　C）光盘　　　D）双绞线

18. 在计算机网络中，通常把提供并管理共享资源的计算机称为_____。

A）服务器　　　B）工作站　　　C）网关　　　D）网桥

19. 在计算机网络中，表征数据传输可靠性的指标是_____。

A）传输率　　　B）误码率　　　C）信息容量　　　D）频带利用率

20. 一座大楼内的一个计算机网络系统，属于_____。

A）PAN　　　B）LAN　　　C）MAN　　　D）WAN

21. 下列属于广域网的是_____。

A）因特网　　　B）校园网　　　C）企业内部网　　　D）以上网络都不是

22. 计算机网络的拓扑结构包括_____。

A）星型、无线、电缆、树型　　　　B）星型、卫星、电缆、树型

C）星型、光纤、环型、树型　　　　D）星型、总线型、环型、网状

23. 下面关于双绞线的叙述不正确的是_____。

A）双绞线一般不用于局域网

B）双绞线可用于模拟信号的传输，也可以用于数字信号的传输

C）双绞线的线对扭在一起可以减少相互间的辐射电磁干扰

D）双绞线普遍应用于点到点的连接

24. 国际标准化组织（ISO）制定的开发系统互联（OSI）参考模型，有 7 个层次，下列 4 个层次中最高的是_____。

A）表示层　　　B）网络层　　　C）会话层　　　D）物理层

25. 若某一用户要拨号上网，_____是不必要的。

A）一个路由器　　　　　　B）一个调制解调器

C）一个上网账户　　　　　D）一条普通的电话线

二、填空题

1. 计算机网络主要由_____和_____ 2 部分组成。

2. 因特网提供服务采用的模式是_____。

3. 传输媒体可以分为_____和_____ 2 大类。

4. 在计算机网络上，网络的主机之间传送数据和通信是通过一定的_____进行的。

5. 万维网（WWW）采用_____的信息结构。

6. 网络协议由_____、_____、_____ 3 个要素组成。

7. 用于衡量电路或通道的通信容量或数据传输速率的单位是_____。

8. 计算机网络节点的地理分布和互联关系上的几何排序称为计算机的_____结构。

9. ISP 是掌握 Internet _____的机构。

10. _____被认为是美国信息高速公路的雏形。

11. TCP/IP 的网络层最重要的协议是_____协议，它可将多个网络连成一个互联网。

12. 一台主机配置的 IP 地址是 200.18.34.55，子网掩码是 255.255.255.0，那么这台

主机所处网络的网络地址是_____。

13. 数据链路层协议要解决的3个基本问题是_____、_____、_____。

14. 在电子邮件中,用户可以同时发送文本和_____信息。

15. 收发电子邮件,首先必须拥有_____。

三、操作题

1. 申请一个免费电子邮箱,给自己发一封电子邮件。通过E-mail问候你的几个同学。

2. 通过谷歌(http://www.google.com)或百度(http://www.baidu.com)搜索引擎找出《南方都市报》的网址,并将该网址放入收藏夹中。

3. 学会设置Outlook邮件管理工具,并利用Outlook收发电子邮件。

申请到电子邮箱后,每人给老师发一封电子邮件。注意:在邮件中添加一张图片作为附件,落款标明班级、学号、姓名。

6.4 参 考 答 案

一、选择题

1~5:CCDCA;   6~10:DBDDA;   11~15:BDCCA;   16~20:BCABB;
21~25:ADAAA。

二、填空题

1. 通信子网、资源子网   2. 客户/服务器

3. 导向传输媒体(或有线)、非导向传输媒体(或无线)   4. 通信协议

5. 超文本链接   6. 语法、语义、同步   7. 带宽

8. 拓扑   9. 接口   10. 因特网(Internet)

11. IP   12. 200.18.34.0   13. 封装成帧、透明传输、差错检测

14. 多媒体   15. 电子邮箱

三、操作题

略。

附录　全国计算机等级考试一级 MS Office 考试大纲(2013 年版)

基 本 要 求

　　1. 具有微型计算机的基础知识(包括计算机病毒的防治常识)。

　　2. 了解微型计算机系统的组成和各部分的功能。

　　3. 了解操作系统的基本功能和作用,掌握 Windows 的基本操作和应用。

　　4. 了解文字处理的基本知识,熟练掌握文字处理 MSWord 的基本操作和应用,熟练掌握一种汉字(键盘)输入方法。

　　5. 了解电子表格软件的基本知识,掌握电子表格软件 Excel 的基本操作和应用。

　　6. 了解多媒体演示软件的基本知识,掌握演示文稿制作软件 PowerPoint 的基本操作和应用。

　　7. 了解计算机网络的基本概念和因特网(Internet)的初步知识,掌握 IE 浏览器软件和 Outlook Express 软件的基本操作和使用。

考 试 内 容

一、计算机基础知识

　　1. 计算机的发展、类型及其应用领域。

　　2. 计算机中数据的表示、存储与处理。

　　3. 多媒体技术的概念与应用。

　　4. 计算机病毒的概念、特征、分类与防治。

　　5. 计算机网络的概念、组成和分类;计算机与网络信息安全的概念和防控。

　　6. 因特网网络服务的概念、原理和应用。

二、操作系统的功能和使用

　　1. 计算机软、硬件系统的组成及主要技术指标。

　　2. 操作系统的基本概念、功能、组成及分类。

　　3. Windows 操作系统的基本概念和常用术语,文件、文件夹、库等。

　　4. Windows 操作系统的基本操作和应用:

　　(1) 桌面外观的设置,基本的网络配置。

　　(2) 熟练掌握资源管理器的操作与应用。

（3）掌握文件、磁盘、显示属性的查看、设置等操作。

（4）中文输入法的安装、删除和选用。

（5）掌握检索文件、查询程序的方法。

（6）了解软、硬件的基本系统工具。

三、文字处理软件的功能和使用

1．Word 的基本概念，Word 的基本功能和运行环境，Word 的启动和退出。

2．文档的创建、打开、输入、保存等基本操作。

3．文本的选定、插入与删除、复制与移动、查找与替换等基本编辑技术，多窗口和多文档的编辑。

4．字体格式设置、段落格式设置、文档页面设置、文档背景设置和文档分栏等基本排版技术。

5．表格的创建、修改，表格的修饰，表格中数据的输入与编辑，数据的排序和计算。

6．图形和图片的插入，图形的建立和编辑，文本框、艺术字的使用和编辑。

7．文档的保护和打印。

四、电子表格软件的功能和使用

1．电子表格的基本概念和基本功能，Excel 的基本功能、运行环境、启动和退出。

2．工作簿和工作表的基本概念和基本操作，工作簿和工作表的建立、保存和退出；数据输入和编辑；工作表和单元格的选定、插入、删除、复制、移动；工作表的重命名和工作表窗口的拆分和冻结。

3．工作表的格式化，包括设置单元格格式、设置列宽和行高、设置条件格式、使用样式、自动套用模式和使用模板等。

4．单元格绝对地址和相对地址的概念，工作表中公式的输入和复制，常用函数的使用。

5．图表的建立、编辑和修改以及修饰。

6．数据清单的概念，数据清单的建立，数据清单内容的排序、筛选、分类汇总，数据合并，数据透视表的建立。

7．工作表的页面设置、打印预览和打印，工作表中链接的建立。

8．保护和隐藏工作簿和工作表。

五、PowerPoint 的功能和使用

1．中文 PowerPoint 的功能、运行环境、启动和退出。

2．演示文稿的创建、打开、关闭和保存。

3．演示文稿视图的使用，幻灯片基本操作（版式、插入、移动、复制和删除）。

4．幻灯片基本制作（文本、图片、艺术字、形状、表格等插入及其格式化）。

5．演示文稿主题选用与幻灯片背景设置。

6．演示文稿放映设计（动画设计、放映方式、切换效果）。

7．演示文稿的打包和打印。

六、因特网(Internet)的初步知识和应用

1. 了解计算机网络的基本概念和因特网的基础知识,主要包括网络硬件和软件,TCP/IP 协议的工作原理,以及网络应用中常见的概念,如域名、IP 地址、DNS 服务等。

2. 能够熟练掌握浏览器、电子邮件的使用和操作。

考 试 方 式

1. 采用无纸化考试,上机操作。

考试时间为 90 分钟。

2. 软件环境:Windows 7 操作系统,Microsoft Office 2010 办公软件。

3. 在指定时间内,完成下列各项操作:

(1) 选择题(计算机基础知识和网络的基本知识)。(20 分)

(2) Windows 操作系统的使用。(10 分)

(3) Word 操作。(25 分)

(4) Excel 操作。(20 分)

(5) PowerPoint 操作。(15 分)

(6) 浏览器(IE)的简单使用和电子邮件收发。(10 分)